ユニバーサルデザインの考え方

監修　梶本久夫

丸善

ユニバーサルデザインの考え方　目次

contents

梶本久夫

監修の言葉

■混乱した概念

この数年、ユニバーサルデザインという言葉の使われ方がだいぶ様変わりしてきたような気がする。すでに言葉が普及し、実践段階に入ったことで、方法論をめぐって議論が百出し、混乱の様相を呈しているといってもいいかもしれない。いったい何を指してユニバーサルデザインというのか。TVでは、文房具のメーカーが「指に刺しても痛くないピン」をユニバーサルデザインとうたっている。デパートの「ユニバーサルデザインコーナー」に行くと、車いすから、食器までさまざまなものがある。それらの品物からユニバーサルデザインとは何かを考えるのはちょっとした〝判じもの〟に近い。

ユニバーサルデザインの意味が、「障害のある人もない人も等しく利用できる製品や環境のデザイン」という点には誰も異論がないであろう。米国から言葉とともに日本に輸入された事例写真は、斜面を利用した建物の美しいアプローチだったり、握力の弱い人でも使いやすい太い握りのついた格好のよい台所用品等々だった。

しかし、いざ実践に移してみると、まず、「障害のある人」の実態がまるでわからないというのが実状だった。日本では、これまで障害のある人は、福祉政策の影でひっそり生き、経済優先社会の中で忘れられてきた存在だった。もちろん、障害のある人の権利を守る先鋭的な運動もあったが、米国のような全国的な盛り上がりに欠けた。

米国では、一九六〇年代からアクセス権（利用権）運動が盛んになり、障害のある人たちが一般市民の協力を得て、自ら生活しやすい環境を求めて運動を展開してきた。その背景には朝鮮戦争、ベトナム戦争などの傷痍軍人がいる。米政府も遅々とではあるがそれらの運動に応えて法を整備してきた。そして一九九〇年には、障害をもつ人のための法律（ADA：Americans with Disabilities Act）を制定し一挙にバリアフリーの建物、街づくりを進めた。

いってみれば米国には、「障害のある人が何を求めているのか」という基礎知識が長い間、社会に蓄積されてきた。特別なデザイナーだけではなく、一般のデザイナーや市民にも、障害のある人のアクセス権が意識されていた。それがユニバーサルデザインが着実に根を張る条件の一つである。

■議論を深め合うことが大切

日本がユニバーサルデザインという言葉を意識し、ようやくスタートラインに立ったのは、超高齢社会の到来に直面した一九九〇年代、それもとくに後半である。

奇しくも不況が長引き、構造改革なしにはこの不況を乗り切れないという自覚の深まりと軌を一にしている。経済優先社会の翳りとともに、いままで社会の影でひっそりと生活していた人々にも、皆と同じ権利が必要だ、という意識が日増しに芽生えてきた。

ユニバーサルデザインは確かに、スロープ、エスカレーター、エレベーター、太い握りのついた薬缶、目の悪い人にも使いやすいシャンプー、あるいは刺しても痛くないピンから出発するものかもしれない。

しかし、「何のために」という目的ははっきりさせておく必要がある。ユニバーサルデザインの大目的というのは、多少大上段に構えなければならない。襟をただして、ネクタイを締め直して申し上げるが、それは「差別のない社会づくり」であろう。

こんなことは当たり前過ぎて、ネクタイを締め直すほどのことでもないのかもしれない。しかし、デザイナーやメーカーは、あるいは行政やわれわれマスコミも、ときとして差別を助長するデザインを推進してきたことを認めなければならない。

ユニバーサルデザインは、障害のある人もない人も、高齢の人も若い人も、男も女も、日本人も外国人も皆等しく住みやすい快適な社会をつくることである。それには一般市民がもっと広範に議論を深めなければならない。米国の障害をもつ人のための法律（ＡＤＡ）の底流は「差別禁止法」である。いま世界中で「差別禁止法」の制定が進められている。

まず、この大前提のうえで、薬缶の取っ手やトイレのコックを工夫しなければならない。それでも工夫しきれないところは〝人力〟で補う必要がある。人力というのは、必ずしも、他人の手助けではない。

製品や環境があまりにも便利過ぎては、人間の機能や能力を奪うことになりかねない、と自ら車いすを利用する川崎和男氏はいう（五三ページ）。ユーザーの主体性や意欲を引き出す魅力ある工夫が必要だ。

では、具体的にユニバーサルデザインとはどのようなものか。しかし、一律に語る必要はないらしい。読者諸氏が議論を深めていただければ幸いである。その議論の材料に、当今、一流のユニバーサルデザインの論客四人に登壇していただいた。

本書は一九九九年秋に、桑沢デザイン塾で行った各氏の講演をもとに、それぞれ新しく加筆訂正してもらったものである。

内容は、デパートのユニバーサルデザインコーナーのようにいろいろ取りそろえてある。トイレの便器から人工心臓まで、いやいや宇宙から見た地球まで。

しかし、一貫した哲学が明白に脈打っている。言葉で語るより、それぞれの方々の試行錯誤と戦いの記録を見て、そして自ら感じていただきたい。

第一章

田中直人

ユニバーサルデザインのまちづくり

■「福祉のまちづくり条例」の基準をクリアするだけでは不十分

全国的に福祉のまちづくりが話題になっており、例えば自治体の首長が、「福祉は嫌いだ」とか、「バリアフリーなんて知らない」と言えば、たちまちバッシングの嵐です。異口同音に、「すべての人にやさしいまちづくりをしている」と言うでしょう。

では、「あなたの自治体では何をやっていますか」と尋ねられた時に何で証明するか。かつては福祉施設の数でしたが、今は「福祉のまちづくり条例」の有無です。都道府県にしろ、市町村にしろ、条例を制定する自治体が急増していますが、それで福祉のまちづくりができるかというと、そんな簡単なものではありません。残念ながら、現在の基準は、身体障害者が中心で、視覚障害者も多少含みますが、聴覚障害者などはその対策はほとんどありません。その対象も建築物が中心で、施設内のバリアフリーを推進していくことが、福祉のまちづくりそのもののようにさえ感じられます。

しかし建築物というのは、よく考えてみると点にしかすぎません。しかもその点の中身はというと設備です。福祉のまちづくりと言っても、まだまだ特定の方のための特殊な対応でしかなく、点から線へ、線から面へという普遍的な広がりが大事だと言いながらも、建築物の点的対応がほとんどで、関わりのデザインはできていません。

■大震災で露呈した「よそ行き」の福祉のまちづくり

阪神淡路大震災で私自身、大けがをしましたし、友人の何人かは亡くなりました。まちがぐちゃぐちゃに破壊されている状況で、都市環境や生活環境をつくるときにいったい何が大事かを改めて考えさせられました。当たり前のことですが、都市の主人公はそこで暮らす人々だということです。

神戸市は、震災前から福祉のまちづくりに積極的に力を注ぎ、バリアフリーの道路や建物を整備してきましたが、地震には無防備でした。避難所となった小・中学校には、エレベーターはないし、使えるトイレもない。障害のある方や高齢の方は、知人や友人を頼るか、専門の施設に行くしかなかったわけです。今までやってきた「よそ行き」の福祉のまちづくりは、非常時にその脆さを見事に露呈したということです。トイレ、水・食料、セキュリティ、プライバシー、医療環境など、さまざまな問題が噴出しました。

これらの問題については現在、いろいろな角度から、検討されています。震災の経験を生かしてこれからのまちづくり提案を行う共同研究で、日本に

図1　阪神大震災の被災地

おける震災の歴史を調べようということで、昭和二三年に大震災を経験した福井市役所や福井大学に赴きました。

当時の写真を見ると、状況は阪神淡路大震災と同じでびっくり。過去の教訓がまったく生かされていないことに唖然としました。しかも、絶えず犠牲になっているのは、高齢の方や障害のある方、経済的にも弱い、体力的にも弱い、そういう方です。

阪神淡路大震災の際にも、仮設住宅に入られた方はほとんどが高齢者でしたが、行政が立派な復興住宅を建てても、彼らには家賃を払う力はありません。「ボランティアの方がいろいろな面倒をみてくれた仮設住宅でずっと暮らしたい」という声をよく聞きました。抽選に当たって復興住宅に移る時に、近所の人と泣いて別れる人もいる。本当は住み続けたいけど、さようならを言って引っ越していく。復興住宅は立派ですが、生活の潤いや地域とのつながりはまだ希薄です。本当の福祉のまちづくりとは、デザインの中にもっと違う要素を組み込んでいくことなのではないでしょうか。デザイナーの中には、ソフトの問題は福祉や社会学の人に任せればいいという人がいますが、そんな発想ではうまくいくはずがありません。

井戸端会議という言葉がありますが、みんなの命の水を得る井戸という施設を共有化することで、人々のコミュニケーションが生まれ、コミュニティが形成されるわけです。現在の集合住宅、あるいは広場などは、人と人のふれあう仕掛けとして、機能しているかを検証してみる必要があるでしょう。

現在、神戸市で進めている「安心コミュニティ計画」は、これまで縦割りで別々にやってきた「防災」や「福祉」などを、横断的にとらえ直したものです。地域の自治会役員さんのところには、「防災」の話が来たと思ったら、「福祉」の話が来て、次に「文化」の話、これでは何が何だかわからないそうです。そうではなくて、もっと地域にとって、人にやさしいという視点から、どのような都市をつくるかをみんなで考えていこうと、いま各地区に「ふれあいまちづくり推進協議会」をつくり、ソフトと連動した具体的な地域提言を行っています。

この計画には、「人にやさしい、安全都市施設の整備」、「住み続けられる住宅の供給」、「保健福祉サービス、医療との連携」、「地域コミュニティの再構築」、「情報提供」の五つの原則が掲げられ、この五つを柱にして、地域ごとに基本計画づくりを行っています。これはまさに、ソフトの話も入れたユニバーサルなまちづくりの試みだと思います。

■鍵がロックされていて、使いものにならない車いすトイレ

　バリアフリーでつくられたものの多くが、利用者にどのように映っているか、利用されているかを、果たしてこれまでどれだけ検証されてきたでしょうか。

　例えば車いすトイレです。鍵が掛けられているトイレが多いし、やっと開けてもらうと、手すりに雑巾が掛けられていたり、物置になっていたりします。これでは誰のために、何のためにつくったかわかりません。特定の人だけに使わせようとするから問題なので、誰もが使えるようにすれば問題は少なくなります。

　全国の主要な自治体にある庁舎のトイレの状態を調査したことがあります。サンプル数五〇〇弱の中から、身体障害者トイレの利用のされ方を聞きました。多くが車いすの方の利用を想定して、広めで、洋式便器が置かれ、手すりが設置され、水洗のボタンは手の届く位置にありました。そのようなトイレを誰のためにつくるのか。障害のある方のためだけですという「専用」のところ、誰でも使ってよいが障害者を「優先」するところ、すべての人が使えばよいのではないかという「共用」のところがあります。この「専用」「優先」「共用」を頭に描きながら、各自治体の庁舎のトイレはいずれかと尋

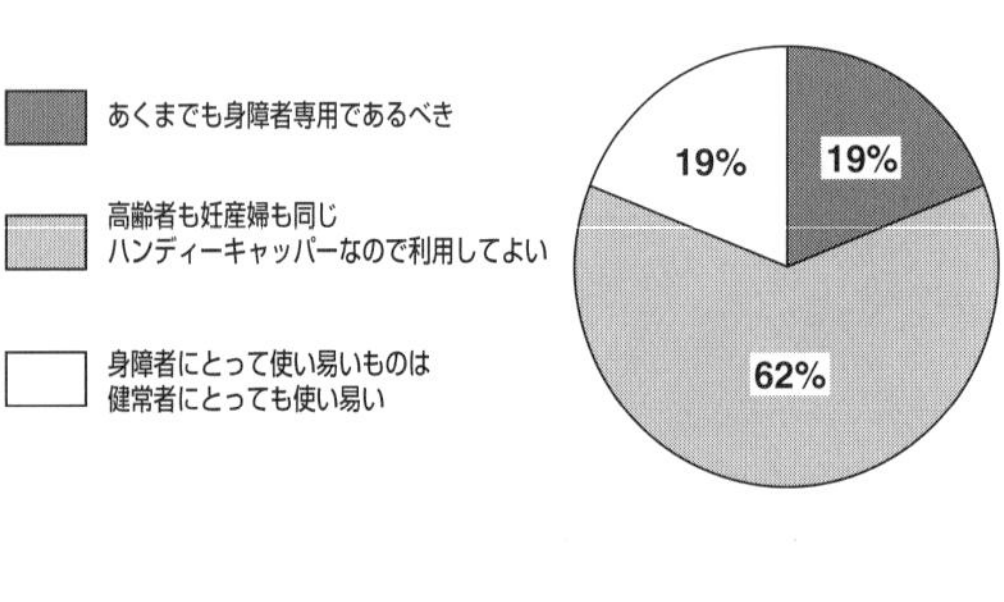

図2　車いすトイレに対する市民の意識　田中直人・老田智美「公益的施設の身障者対応トイレに対する健常者の意識―公共トイレのユニバーサルデザイン化に関する研究―」日本建築学会大会梗概集２００１、９

ねたところ、当初はやはり「専用」が圧倒的に多かったそうですが、しだいに「専用」から「優先」、「優先」から「共用」という考え方に変わってきています。これは、まさに特定の人のためだけの空間から、誰もが使える空間にしていこうという、いわゆるユニバーサルな考え方に一歩進んでいるということです。では、「専用」から「共用」に変えるに当たって、設計やデザインとして何が変わったのでしょうか。広さや手すり・材料・色などはほとんど変わっていません。

中身はいっしょで、変わったのは案内表示だけです。「どなたでもご利用ください」との表示が最近増えています。「多目的トイレ」とか「ゆったりトイレ」「ファミリートイレ」とか呼称はさまざまですが、サインだけを変えて「専用」から「共用」へ変更した事例が圧倒的に多いことがわかりました。要は、中身はいっしょだが、着せる服を替えただけ。基準としてのデザインの内容は何ら変わっていません。

実状を把握している設計者やデザイナーも少ない。車いすに乗ったことがない、あるいは車いすの方が便器に移動する姿を見たことがないという設計者の中には、手すりにぶら下がって移動するものと考えている方がいますが、便器に手をついて移動する方が圧倒的に多い。では手すりはなぜ必要なのかという検討があまりなされていないわけです。従って、トイレ専門メーカーの既製品が、そのまま入れられている事例がほとんどです。

配慮の内容は車いす使用者が中心で、視覚障害者や聴覚障害者に対しては、現在の基準はほとんど役立たない。名前だけは「どなたでもご利用下さい」ですが、使えない人がけっこういます。

計画段階での最優先事項は、障害のある人が利用できる専門的な対応で、これがなければ、本当にシビアな人が利用する時に困ります。そのためには寸法、材料、設備などの細かな規定があるわけです。二番目は犯罪の防止で、管理側は使うことよりも、いかに事故を起こさないかということを考えます。鍵をかけ回ることは、いちばん手っ取り早い対応なのです。

三番目は、誰でも利用できる配慮です。誰でもということは、言葉では簡単に言えます。「For All」という言い方をよくしますが、本当に誰でも利用できるためには、どのようにすればいいのかがなかなか見つからない。やはり、管理しやすさが優先されます。現状は計画段階で最低限の基準を遵守することが精一杯、そんなレベルです。

余裕がないから、美しいとか、カッコイイとかは、あまり考えない。手すりやスロープを付けたら不細工になるのは仕方ないことと考えられています。これではバリアフリーと言えても、ユニバーサルデザインとは言えません。

■視覚障害者は広いトイレが不安

トイレを設計する時に、あまり視覚障害者のことを考えていないように思います。身体障害者用トイレといえば、たいてい車いす使用者に対応したもので、サインまで車いすマークなので、「専用」と誤解されやすいのです。

視覚障害者に被験者として参加していただき、実際にドアから便座に移れるまで、どのような行動をとるかをつぶさに調査したことがあります。視覚障害者は、車いす使用者が使いやすい広いトイレでは、触るものが少ないので、不安になります。一生懸命、自分の後ろのほうを手探りしているので、尋ねたところ、水洗のボタンを探していました。

水洗ボタンは、自分の後ろにあって、レバーが出ているものと、頭から思い込んでいるわけです。そこでは、便器の右側に大きな水洗ボタンと一緒に、非常呼び出し用のボタンを設置していたのですが、案の定、非常呼び出し用のボタンを押しました。結局、私たちが今までつくってきたものの操作法について、標準化がされてこなかったということです。

だいたいどの位置にあるかの情報が提供されていれば、視覚障害者はもっ

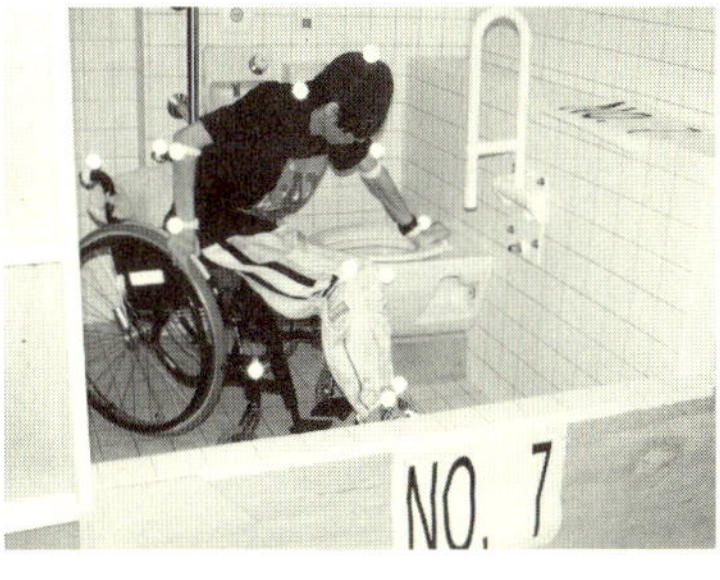

図3　国際障害者交流センター「ビッグアイ」でのモックアップ実験（トイレ）

と早くボタンの位置がわかるはずです。多目的に、より多くの人に使いやすいようにデザインするのであれば、このあたりをもっと根本的に考えないといけません。言葉だけユニバーサルデザインと言って、同じものを提供していることは許されません。

■点字ブロックだけが誘導の方法ではない

次に点字ブロックのお話をしましょう。皆さん、視覚障害者がどのように道を歩いているか、ご存じですか。一人ひとり同じようで同じではありません。例えば、先天性の方、後天性の方では、異なります。後天性の方は都市の状況をだいたい頭に描けますが、先天性の方は描けない。そのような決定的な違いがありますし、訓練の期間や訓練の受け方によっても、かなり異なってきます。

単純に点字ブロックを敷設するだけでは解決できる問題ではありません。それをデザインの大きな柱として考えるのであれば、実際に使われる方がどのような情報や知識、訓練のもとにそれに対処されるのかを十分理解すべきです。

視力障害者センターでのヒアリング調査でわかったことは、弱視の方、全盲の方いずれも、敷設場所として最も役立っているのは駅のプラットホームでした。私が聞いた範囲では、視覚障害者の少なくとも三、四人に一人が一度は線路に落ちたことがあるそうです。

横断歩道や階段も役立っているとの回答が多かった。通常、安全のために、歩道は車道より高くしているのですが、車いすの方のことを考えて歩道を切り下げする。すると、視覚障害者は、歩道と車道の違いがわからなくなります。そこで、「危険ですよ」という意味で点字ブロックを貼る。階段はとにかく落ちたら大変なので、降り口のところに貼る。条例や基準で、点字ブロックを敷設することになっている廊下やエレベーターについては、役立っているとの回答は少ないです。

条例や基準に書いていたら、数は少ないですが、建物の中にも点字ブロックを貼ることになります。点字ブロックを貼ったらかえって危険だからやめましょうという意見と、徹底して貼って徹底して誘導してあげないと不親切だとの意見がありますが、私は前者の意見です。点字ブロックさえ貼ればよいのではなく、それに代わるデザインや配慮をしなければならないのです。

コペンハーゲン中央駅の床には、点字ブロックの役割をはたすために、タイルの表面が凸状のものだけをライン状につなげています。わが国での点字

図4　コペンハーゲン中央駅の床

ブロックのようにこれ見よがしに黄色であればいいという考えではありません。「弱視の方でも、これで対応できる。晴眼者が思っている以上に感覚が鋭いのだから」と彼らは強調します。大袈裟なものは必要ないという考え方です。同じカタチでありながら片方を凸状にして、片方を凹ませることによってラインを浮かび上がらせるという工夫をしています。

視覚障害者が実際にまちの中を歩かれるときに、役に立っているものは、点字ブロックだけではありません。弱視の方には感じ取れるものがありますし、全盲の方も白杖をついて、手掛かりとしているものがあります。

電子チャイムなどの音の鳴るもの。これは有効です。しかし、点字案内板や触知図はどうでしょう。実は、私が調べた範囲では、役に立つと答えた方は一人もいません。では、どのような時に役に立っているかをもっと調べたところ、音声付きの場合やそこに立っていたら誰かが声を掛けてくれる場合でした。

意外だったのは舗道上のラインです。あのラインが、弱視の方に方向をわからせる役目を果たしています。昔はアスファルトの舗装がほとんどでしたが、今はブロックだとかタイルだとかを素材に使い、いろいろなカラー舗装がなされています。それで、うまく方向を誘導できれば、ユニバーサルなデ

図5　視覚障害者に役にたっているもの　田中直人「福祉のまちづくりデザイン―阪神大震災からの検証」

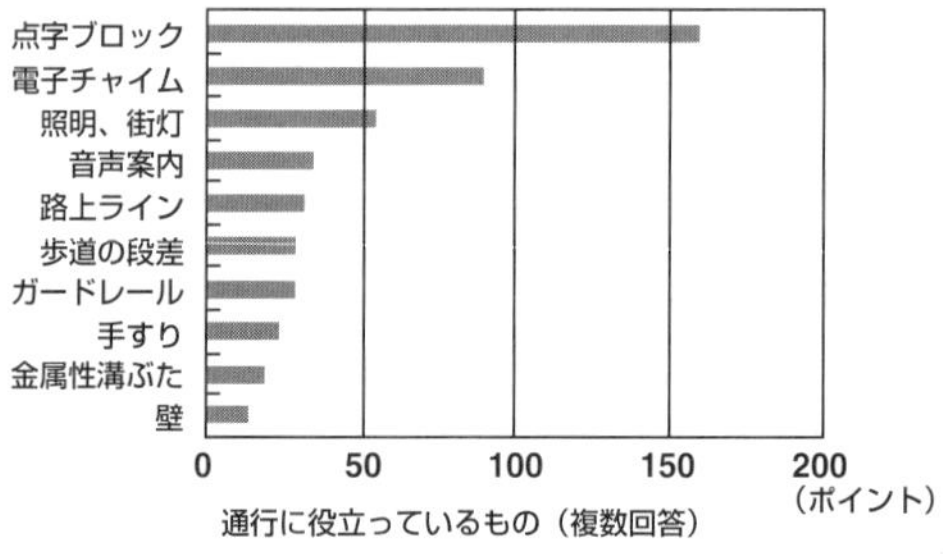

ザインと言えるでしょう。

照明も大切です。「昼間」のことはすぐに頭に浮かびますが、「夜間」は盲点になっています。

例えば、サインですが、「夜間」にどのように見えるかを考えたものはまだ少ないようです。

少なくとも「夜間」に人通りの多い場所では、照明が非常に大事な役割を果たすということを念頭に置くべきです。

ガードレールや歩道の段差が役に立つとおっしゃる方もいます。段差を付けて欲しい、縁が欲しいという方がいらっしゃる。私たちがあまり関係ないと思っているものでも、デザインの仕方によっては、ハンディを背負われた方々の非常に有効な手掛かりになるということです。着目していなかったことに着目すると、デザインの可能性はずいぶん広がります。路上のラインや照明は、比較的すぐにできることですから、検討してみるべきです。

■実際にお湯を張って、浴槽の使い勝手をリアルにチェック

国際障害者交流センター「ビッグアイ」のプロポーザルで、浴槽やトイレなどを全部組み込んだモックアップ（実物大型模型）をつくって、そこに実

際に障害のある方などに来ていただいて、使い勝手を調査、設計内容を検証することを提案しました。そこで得られたデータをもとに、場合によっては、施工技術を担当する方にも立ち会ってもらい、現場に落とし込むためには、どのようなことに気を付けなければならないのかを検討しました。

例えば浴室の場合ですが、学会等の研究発表でも、入浴行為に関する実験はたくさんあります。しかし実験といっても、お湯は張らない。学生や障害のある方が服を着て、お湯があるつもりになって出たり入ったりして、手すりがいいとか、跨ぎ越しがいいとか、そういう話をする事例が多い。しかし、高齢者の家庭内での事故で、いちばん多いのが浴槽で溺れ死ぬことです。なぜ溺れ死ぬか。それは、高齢者は若い人に比べると体力が小さく、対応力が遅いからです。最近の浴槽は非常に豪華になっていて、昔と比べて広く、跨ぎにくい。

私は徹底的にリアリティを持たせようとして、実際に浴槽にお湯を張りました。それだけのことかと思われるでしょうが、お湯を張らずにやるとデータとしては不完全なので、事故は減りません。

そこで、あえて実際にお湯を張り、実験を行いました。ここで大変なことが起こってしまいました。実は、障害のある女性が本当に、足が届かないと

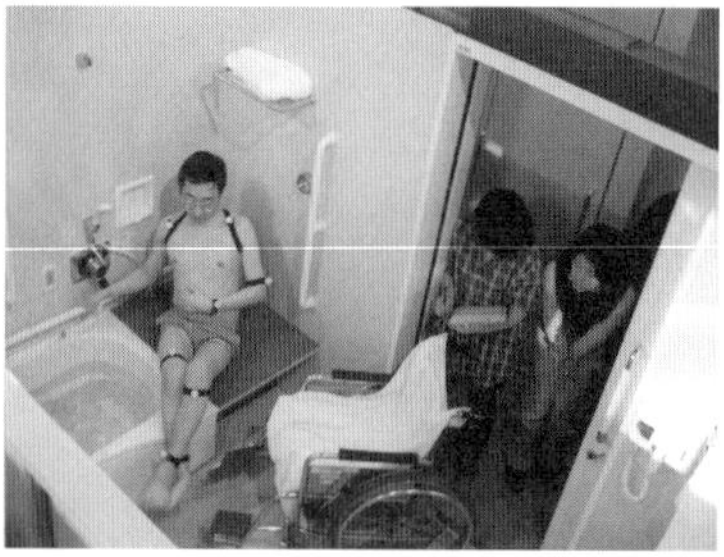

図6　国際障害者交流センター「ビッグアイ」でのモックアップ実験（お風呂）

いうことでパニックになって、溺れかかったのです。これは、お湯を張るという現実の状況の中で初めて確認できることです。このようなことで初めて、設計内容が本当に良かったのかを皆で確認する、そのことの重大さを意識し合うことができます。

■ベッドだけではなく、布団や枕にも留意する

この施設では宿泊室が計画されていたのでベッドを作りました。ベッドの堅さだとか、脚の作り方、布団の作り方まで、二種類用意して、実際にどちらが利用しやすいかを確認しました。

建築の設計で、ベッドの位置などは図面に描きますが、実はいちばん大事なのは布団や枕です。これらは使われる方の評価の差になります。いすもそうです。いすは使う時に安定しないといけないが、動かすときに引っ掛かってもいけない。四つのキャスターを付けると動きすぎて危ないから、前の2つをキャスターにして、後ろには付けないとか、非常に細かい検討が行われました。いわゆる建築レベルだけでなく、家具や布団・枕等も含めたトータルな室内環境として、高齢の方や障害のある方にとって、何が問題だったかを検証したわけです。そのような検証を積み上げていくことで、初めてトー

タルな環境ができ上がるのです。

廊下に点字ブロックを貼るのをやめ、その代わり、床材を部分的にカーペットにして、他を長尺シートにしようと提案しました。そうすれば、足で踏んだ感触が違います。また視覚障害者が白杖を突く時の反響音も異なります。触れる感覚・音・振動等を重視したわけです。弱視の方のためには、リーディグライン的な誘導効果を狙って色を変え、廊下の両側に手すりを真っ直ぐに付けて、主要なポイントには点字表示することも提案しました。

デンマークで見た視覚障害者施設では、入口に必ず窓が設けられており、光が強く当たるようにデザインされています。窓から入ってきた光によって、自ずと入口部分が明るくなる。

この施設のモックアップで、私は仮説として、これだけのことをやれば、どれだけ有効かを、具体的な実験の中で効果を評価していったわけです。これは好評で実際に採用されました。

■竣工後の検証を徹底的に行う

障害のある方をはじめとして、ユーザー参加で計画された施設がどんどん現れていますが、私が関わった施設では竣工後の検証も行っています。マニ

図7　国際障害者交流センター「ビッグアイ」での廊下

ュアルどおりにつくって、ハイ、終わりというような造り方ではありません。

例えば、神戸港の中突堤フェリーターミナルでは、高齢者や障害者など、施設が竣工してから、多くの人にチェックをお願いしました。視覚障害者の方からの指摘ですが、かなりの費用を要した点字案内地図について、「こんなものよりだれかがいて、声で案内してくれたらいいのに」と言われて、身も蓋もないという感じでした。点字案内地図は視覚障害者のことを考えて工夫しているはずですが、やはり晴眼者が頭で考えた作品です。「わしはそんなの知らん、単純にだれが来てもわかるようにしておいて欲しい」。こういう根本的な話が出ました。

デザインはいったいだれの立場でやるかという、根本に戻ってチェックしてみたら、基準化されているからこれでいいという話では絶対にないということです。

誘導ブロックの下に音声案内のセンサーを取りつけて、電磁テープで感知するシステムも行われていますが、これも誤作動とかいろいろあって、まだ改良の余地が大きいです。しかし、問題を恐れて実験室レベルに凍結することは避けたほうがいい。どんどんやって、当事者にどんどん意見を言っていただく。やはり前向きにみんなでやっていくという勇気が大切です。デザイナーだけでなく、行政、当事者、すべての方が前向きに取り組んでいく必要があります。

■日本初のユニバーサルデザインをめざした「阪急伊丹駅」も満点ではない

阪急伊丹駅は阪神淡路大震災の時に倒壊して、派出所の警察官が一人亡くなりました。私は同駅の復興委員会のメンバーとして、計画当初から関わっています。この委員会の特徴は、伊丹市民の代表、障害者の会、地域の住民が、熱心に計画案について意見を出されたことです。アンケート調査等をやって、それを委員会が始まる前に、各委員にデータとして提出されました。

今までのバリアフリーはこうだけれど、もっとこういうことにも力を入れて欲しい、これはよくないからもっとこう変えて欲しい、かなり具体的なことを言ってこられました。

そういったバックボーンがあるので、阪急電鉄のほうで考えていたビルの計画に比べると、市民向けの土地利用、あるいはゾーニングが目立ちます。私の方からも、当初、商業施設ビルの奥に設置する予定であったエレベーターを正面入口の駅前広場の前に、垂直動線の仕掛けとして見えるようデザインすることを提案しました。これには市民代表の各委員からも大きな賛成意見が寄せられました。さらに、大きさも、最初は一一人乗りが計画されていましたが、最終的には一五人乗りと二一人乗りの二基を正面入口に持ってきました。そして、それに対して吹き抜け空間で大きな動線を生み出す構成になったのです。後部にいたっては、緊急時に避難できるようにスロープや退避広場も設けているなど、いろいろな新しい試みがなされています。

しかし少しマイナス面をいいますと、できてしまうと不思議ですが、一〇〇点満点を目指したはずなのに、結果は八五点ぐらい、あと一〇点、一五点、どうしても足りないなというのが出てきます。だから、これを一〇〇点に近づけるために、当事者、利用者、あるいは施設関係者が情熱を注がなければなりません。そして、建物だけでなく、周辺の広場計画、北側へ抜けるモール計画など、いろいろな周辺計画がありますが、それらと連動して、点から線へ、線から面へという広がりが、このプロジェクトを起爆剤として、本当にできるかどうかが問われています。

それで、評価委員会をつくって、再度評価しました。永遠にこれをやらないといけないかもしれませんが、このような試みは絶対に必要です。

図8　避難スロープ（阪急伊丹駅）

■健康を起点とした道のネットワーク

神戸市は港町として有名ですが、六甲山の緑にもあふれています。今、山麓の斜面の道を歩きやすくすると同時に、自然的な事物や歴史的な事物、公園や社寺を、パブリックトイレとしての市民トイレを点在させながら、「山麓リボン道」という歩きやすい道でネットワークしていこうと考えています。例えば諏訪山ゾーンでは、異人館や展望台としてのビーナスブリッジ、緑の公園、美術館をつなぎます。福祉的な観点とともに、レクリエーションや健康などの要素も入れて、健康を起点とした道のネットワークを整備していくというものです。

自動車交通にあわせて、整備されることの多かった都市計画では、ややもすれば自動車を中心にまちづくりがなされ、人間が歩く道の整備は遅れていました。せっかく車道とは別に確保した歩道には電柱や看板などの障害物だけでなく、自転車やバイク、時には自動車までが止められており、安全快適な歩行空間が実現できていません。自転車が走行するスペースの整備もデンマークなどの諸国に比べると遅れており、無秩序な自転車の走行は高齢者や障害者だけでなく、すべての人にとって、大変危険で迷惑な話です。大気汚染や水質汚濁、騒音振動・事故など問題が多い自動車交通を軽減し、都市の

図8　デンマークの自転車道

環境を大切にするため、自転車の活用や路面電車の復活という近年の各国での取組みが注目されます。残念ながらわが国では、健康というレベル以前の安全快適性の確保がまだまだ不十分と言わざるを得ません。

■ヨーロッパの先進都市に学ぶ

ドイツの地方都市、フライブルクやカールスルーエが注目を集めています。両市とも、公共交通機関の中心は路面電車で、中心市街地にトランジット・モール（境界を設けて自動車の乗り入れを禁止して、歩行者天国にする）を設定して、歩行者中心のまちづくりをしているのが特徴です。

まちのあちこちに親水空間、彫刻、樹木が配置され、まち全体が公園のような印象を受けます。

フライブルク市には年間を通じて、大勢の観光客が訪れますが、他都市に比較して、交通事故や排気ガス、騒音は少ないです。

日本はどちらかというとアメリカ型で、交通量が増えたら道路や駐車場をつくるというやり方です。生活の仕組みを根本的に変えていくこと、例えばエネルギーの使用の仕方についてはあまり問題になりません。

住宅、建築、都市の領域で、エコシステムとかエコシティといった考え方

図9　トランジットモール（フライブルク）

図10　トランジットモール（カールスルーエ）

がありますが、私は地球にやさしいこと、環境にやさしいこともユニバーサルなデザインだと認識しています。したがって、そういう考え方も入れて、これからの建築や都市をつくっていく。住み手とか来街者に対して、いかに魅力的な環境としていくかが大事です。

■アートとバリアフリーを融合させる

曲がりくねった廊下がたくさんある視覚障害者の施設では、曲がり角に噴水を置き、水がチョロチョロ出る音で曲がり角であることを知らせ、鳥かごを置いて、鳥の鳴き声によって出入口に来たことを案内しています。廊下では、曲がり角の天井だけが高く、トップライトで明るく照らされています。天井の高さによって、杖の反響音が異なるので、曲がり角に来たことがわかるそうです。微妙な環境の信号をうまく使ったサインといえるでしょう。

高齢者の施設は病院的な雰囲気になりがちですが、要所要所に腰掛けを配置するなどして、路地の溜まり場の雰囲気を醸し出すことも大切です。デンマークにある障害者の宿泊施設では、新進気鋭のアーティストを登用して、各部屋のトイレのデザインコンクールをやりました。だから、同じデザインのトイレは一つもありません。壁のデザインとかドアのデザインに、デザ

図11　廊下曲がり角の鳥かご

イナー独自の世界がつくられています。インテリアデザインにもアーティストが入り込んで、共同作業をしているのです。どこか決まりきった壁に誰かの絵を飾るとか、彫刻を置くとか、そういったレベルではなく、空間や場所の違いなど、リピーターの記憶に残るようなアートの仕掛けを施しています。アートとバリアフリーの融合によって、環境整備が行われた好例といえるでしょう。

図12　扉のアート

■サインは空間そのものを魅力的にも、美しくもさせる

空間、建築、都市の計画において、整備手法として私はよくサインを切り口として持ち出します。サインは案内標識や看板と思われがちですが、実はそうではありません。空間そのものがわかりやすくなる、魅力的になる、あるいは美しくなるためにあるのがサインです。

サインは「わかりやすさ」、「幅広い対応」、「安全性」、「親しみやすさ」、「美しさ」の五要素で構成されると思います。これをベースにして公共空間のデザインを考えていくことが重要ではないでしょうか。

例えば、「わかりやすさ」ですが、デンマークの地下鉄入口のサインを例に挙げましょう。

図13　デンマークの地下鉄入口のサイン

日本と違うところは、サインの回りに何もないことと、中の照明が道路の街灯の役割も兼ねていることです。パリの地下鉄のサインは、それを見ただけでパリの雰囲気を醸し出します。

機械的に真四角の箱に「METRO（地下鉄）」と書いても味が出ない。何も、正方形とか長方形の中にサインを書く必要はありませんし、何でも同じピクトにしなければならないこともない。

色や形だけではなく、さまざまな感覚機能を生かすこともサインです。例えば、トイレのサインに立体文字（浮き上がり文字）を採用することもそうです。そうすることによって、光を活用し、認識しやすくなっています。立体文字はトイレだけではなく、避難経路の地図などにも用いられています。この点からも「日常」と「非日常」を区別しないヨーロッパの考え方がうかがえます。

まちで見かける店舗のサインにも特筆すべきものがあります。「ⓘ・Information」の大きな文字のサインが、吹き抜けの目立つところに設置されています。

均一的な置き方だけでなく、どうやったらサインを見やすくできるか、多角的な配慮がされています。パリで見かけた内照式の誘導サインは「夜間」

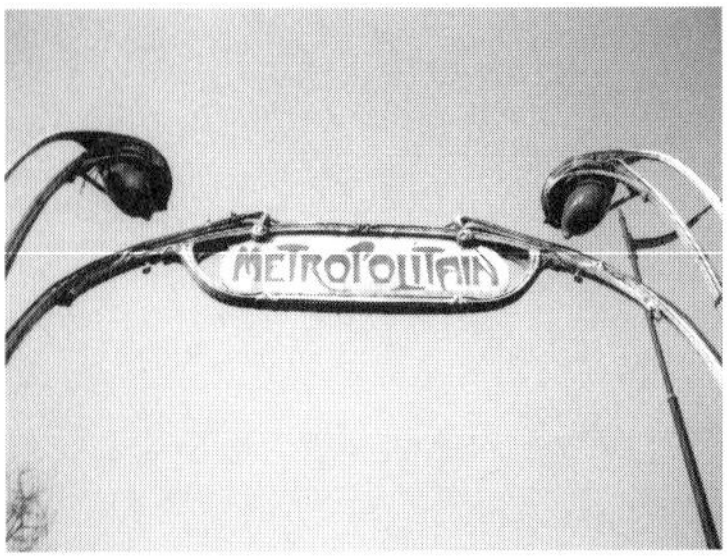

図14　パリの地下鉄のサイン

への配慮です。このように時と場面に対応するデザインも大切です。

■まちの〝遊び空間〟が活気をもたらしている

ヨーロッパのまちには、参考になる事例が少なくありません。座ってかけられる電話台や、車いすの方の電話台が違和感なく配置されています。水飲み器は三通りの高さを並べています。

日本でも最近、このような電話台や水飲み器が見受けられるようになりました。

歩行空間には休憩スペースがとられています。新しいところでも古いところでも、さりげなく、人を休ませる仕掛けがあります。まちなかのポケットパークには、動物の彫刻、例えばカバの彫刻があって、子供は彫刻の上で遊ぶかもしれませんが、台の部分はどこに座ってもいいようになっており、パブリックアートとしても、ファニチャーとしても機能しています。また真ん中の緑地帯の部分には、バスケットボールができるような、ちょっとした遊び空間がつくられています。外で飲食できたり、たむろできるような空間がまちのあちこちで見かけます。

日本では、公共空間に屋台などを出すと規制に掛かりますが、ヨーロッパ

図15　吹き抜けの目立つところに設置されているサイン

ではけっこう堂々と仮設的なもので賑わいをつくっています。そうすることで、まち歩きの楽しさ、ふれあい、明るさが演出されます。場合によっては、ここで、ストリートパフォーマンスや音楽の提供、地域性のある食べ物の提供などが行われます。ちょっとした空間が、そこに住む人だけではなく、そのまちを訪れた人に、そのまちの印象を与える大切なスポットになっています。

デンマークのオーフスというまちの再開発では、どぶ川のように汚くなった川を多少埋め立てて、ポケットパークを設け、もともとあった店舗と一体感を持たせた親水空間をつくっています。

水辺を生かして、新しい住宅団地をつくった例では、フェンスなどの堅い仕切りは設けずに、限りなく緩やかなもの、自然なカタチで自然にいる小動物と触れあう場所をつくっています。

縁のつくり方も、できるだけ自然な感じで触れることができるように、親水空間のレベル差を限りなく近づけています。これは防災と反するのですが、例えばアメリカにサンアントニオというまちがあります。ここでは逆に水位をコントロールして、できるだけ親水性をもって回遊する空間をつくり、来街者を楽しませる都市開発、あるいは都市の活性化ということでさまざまな

図16　まちなかのポケットパーク

図17　水辺のポケットパーク

施策を実施しています。

■歴史的建造物の改修にみる「東と西」

歴史的建造物の改修は、ヨーロッパのまちやアメリカの古い建造物などに、見るべきものがあります。建造物の良さを損なわずに改修しているので、「最初から、こんな石造りのスロープはあったのですか」、という質問も出るぐらいです。その点、日本には、すべてとは言いませんが、「スクラップ&ビルト」のバランスの悪いデザインが非常に多い。

ヨーロッパでは伝統的に古い建物を残します。残すかわりに、上手に中身を機能的に更新します。ということは、バリアフリーをする場合も、取って付けたようにするのではなくて、もともとの古いものの価値を壊さないようにしています。

特に高齢者や障害のある方が多い観光地では、バリアフリーにしたいが、やり方がわからないという声をよく聞きます。歴史的な社寺仏閣をバリアフリーにしなさいと言うと、最初から、もうギブアップです。

奈良県で開催された観光バリアフリーのシンポジウムに、善光寺（長野県）の住職さんが来られて、写真を見せていただくと、境内には木造の欄干付きのスロープがつくられていました。「これなら、最初からあってもよかった」というのが住職さんの感想です。

しかしエレベーターよりはましですが、まだ違和感があります。このように、わが国では古い環境に対しては、これからますます多くの高齢者や障害のある方が訪れるにもかかわらず、そういった技術、デザインの処理能力、事例が少ない。石の文化であるヨーロッパでは、歴史的建造物の改修がうまくいっている事例が非常に多いです。これからは建築や公共空間の環境デザインを担当される方は、この点についても、よく勉強してもいいのではないでしょうか。

例えばエレベーターをはじめとする設備は、あまり表に出過ぎずに、さりげなく隠れて、技術面を保証していればいいわけです。行政やデザイナーが勉強するのは当然ですが、メーカーが新商品を出すときにも、歴史的な配慮をともなうデザインを考慮しなければならない、そんな時代が来ていると思うのです。

図18　歴史的な社寺仏閣

■バリアフリーデザインをまずきちんとやる

いくつかの事例を示しましたが、まずバリアフリーデザインをきちんとやることが大事です。中途半端な段階で、ユニバーサルデザインというのはおこがましい。

バリアの対象者の生理特性、身体特性、いろいろな特性に対してもっと真剣に答えを出すべきで、そして出てきた多様な答えを、いかに調和させるか、共生させるかが重要です。そういう統合化がうまくいけば、それはおそらくユニバーサルと言っていいでしょう。そういうものにきっとなっていくはずです。役所がマニュアルで基準化している内容を鵜呑みにするのはもってのほかです。

ランドスケープ、プロダクト、グラフィックなど、いろいろなデザイナーがいて、それぞれ専門性が異なります。トータルでものを進めるには、異分野のデザイナーのノウハウをうまく取り入れる柔軟な姿勢が肝要です。したがって、特定のデザイナー集団だけでなく、多様なデザイナー集団が協働できるような体制づくり、社会づくり、情報提供が求められています。

ユニバーサルデザインの七原則にはありませんが、デザインは美しくあってほしいと思います。バリアフリーデザインにしてもユニバーサルデザインにしても、何となくぎこちない。たとえば車いすの人に配慮したら車いすのシンボルマークをつけますが、私の理想の社会は、シンボルマークがなくても、すべてが車いす対応になっている、そんな社会です。

今は、ユニバーサルデザインと言いながらも、まだバリアフリーデザインで、個別の対応を一生懸命やったと点数稼ぎしているように感じます。カッコイイものをつくるだけでなく、生活者の視点でもう一度ニーズをとらえ直していただきたい。

■ユニバーサリティとローカリティを融合する

バリアフリーよりユニバーサルデザインのほうが優れているというレベルで止まるのではなく、努力を続ける必要があります。

努力の仕方には、多様な感覚機能を利用するなど、さまざまな方法があります。冒頭でお話したように、阪神淡路大震災では「日常」と「非日常」の問題が露呈しました。条例とか基準とかのレベルでやってきたことを、もう一度真摯に検討することをやってみたいと思います。

その一つがワークショップです。私はぜひ、皆さんが、日常の身の回りにあるものや場面を通じて、どのようにすればもっと良くなるのか、自分の目だけではなく、他者の目、もっと言えば、自分たちだけではなく、障害のある方や外国人の目で、まちをもう一度点検してみていただければと思います。

ひょっとしたら、悪いところだけではなく、皆さん方が気付いていない良さが発見できるかもしれません。そこで発見した地域の良さを大事にしたまちづくりをやれば、特徴のある、個性的な、地域性に溢れたまちづくりができると思います。

ユニバーサリティとは「普遍性」の意味で、そこから派生するユニバーサルデザインは「普遍的な」、「誰でも」という意味です。ユニバーサリティも大事ですが、ローカリティも大切にしたい。ローカリティを入れることによって、通りいっぺんで、誰にも対応し難くなっている状況を打破することができるのではないでしょうか。

私たちはこれまで、まちづくりと言いながら、まちこわしをやっている場面がずいぶんあります。例えば再開発をするにしても、環境を守って開発していくことはとても難しいし、手間が掛かります。やりやすい方向、やすきに流れてはいないか、そういうこともあると思います。例えばもともとある狭いけど何か面白い道、そういうものをどのように残していくか、守っていくか、それもユニバーサルデザインだと、私は思っています。果敢に挑戦していただいて、これから少しでもより多くの場面で、人々が幸せを感じるようなデザインをめざしていきたいです。

■選択肢を増やすのもユニバーサルデザイン

ユニバーサルデザインの具現化のひとつとして、選択肢を増やすということがあります。例えば昇降手段として、階段、スロープ、エスカレーター、エレベーターなどの複数の選択肢を設けることです。スロープがあれば誰でも移動できると思われがちですが、杖を使用される方は、スロープだと杖の先が滑って、かえって階段のほうが水平で歩きやすい。人によって、スロープがいいのか、階段がいいのか異なります。

最近、公共施設などで見られるパッシングスルー・タイプのエレベーターは、処理能力を高くしようとしたもので、それぞれの設備についての改良は行われていますが、一つの設備ですべてを解決するのは無理です。

選択できるということが大事で、エレベーターを選択された方が、遠くにある裏口からどうぞ、ということでは選択肢にはなりません。要は、選択を平等にできる構造かどうかです。そんなところまでは、条例にも書いていません。選択性の確保も私が考えるユニバーサルデザインの重要な点です。

図19　タウンウォッチング

■七原則をバージョンアップしていく

ノースカロライナ州立大学のユニバーサルデザインセンターを訪問した

際、七原則が書かれた大きなポスターを渡され、「これが私たちの条文です」という感じで、センター員が力説されたことが思い出されます。七原則に書かれていることは、すべてその通りです。しかし、これさえ満たしていればそれでいいのでしょうか。

まちづくりとか建築物とか、具体的な公共空間をあずかる立場からすると、これに加えて、何かがいるのでは、と思います。私がいちばん気になっているのは、七原則の中の「公平な利用」についてです。どのようなユーザーグループに対しても有益で売れるものとなっていますが、これは商品には当てはまりますが、道路などの公共空間には当てはまりません。いいものをつくれば、より多くの人が顧客として使うだろう。このような発想が、ターゲットとされるデザイン領域が違うと感じるところです。

アメリカ生まれのユニバーサルデザインを、日本というフィルターを通して、バージョンアップしていく。今は、日本型の新しいユニバーサルデザインを世界に発信しようとしているのではないでしょうか。私はそうあってほしいと思います。

私がイメージしているユニバーサルデザインは、「すべての人」ではありません。少し謙虚に「より多くの人」です。ですが、目標は「すべて」で、

「より多く」の状況に対応していくことです。「見てみろ、これ、ユニバーサルデザインだぞ」というのは、ユニバーサルデザインではありません。「さりげなく」そして「美しい」と感じるもの。特定の人への配慮がうまくフィットして、その他の人にも、美しく感じられて、何ら、違和感がない。ユニバーサルデザインとは、そのようなデザインです。

第二章

● 川崎　和男

● 日本型ユニバーサルデザインを構築するために

■ユニバーサルデザイン・バリアフリー・共用品

最近では、「ユニバーサルデザイン」という言葉が一般的にも普及してきました。一週間に一度ぐらいは、新聞に「ユニバーサルデザイン」という言葉が出てきます。若者向けの雑誌でもユニバーサルデザインの特集が組まれる時代です。こうして注目されることはいいことだと考えます。

しかし、百貨店あたりに並んでいる「ＵＤ」というマークのついた商品を見ると、「これは違う」と思います。たとえば大手メーカーが販売しているユニバーサルデザイン商品についても、同じことです。

そういう意味では、ユニバーサルデザインが本来の意味で理解されていないのではないかと考えざるをえません。

一方で、「バリアフリー」という言葉があります。

バリアフリーとは、すでにあるバリアをどうやって取り除くと自由性が得られるかということです。

たとえばいま、点字が付いているものはすべてバリアフリーであって、しかもユニバーサルデザインであるというような発想があります。が、これは間違っています。バリアフリー＝ユニバーサルデザインではありません。

本来、「バリア」には二つの考え方があります。一つは「物理的」なバリア。現実的、具体的にはたとえば階段、段差などの物理的なバリアがたくさんあって、足の不自由な人には不便です、だから、どうしてもそちらの認識に偏りがちですが、それだけではありません。

もう一つのバリアは「心理的」なバリアです。嫁と姑、階級差、親子、先生と生徒の間にもバリアがあります。これらをバリアフリーにしていくという問題を考えると、基本的にはすでにあるバリアをどうやって取り除くか、改善していくかという、バリアフリーデザインがあります。

また、「共用品」という言葉があります。たとえば、右利きの人、左利きの人、両方が使えるものなどです。

しかし、共用品=ユニバーサルデザインではありません。

それは、デザインには必ず「美しさ（審美性）」「機能性（使いやすさ）」「合目的性（つくりやすさや生活での存在性）」の三つが必要だからです。共用品は機能性、合目的性は該当しますが、美しさまでが配慮されているとは限りません。つまり共用品は、ユニバーサルデザインのベースになるかもしれません。でも、ユニバーサルデザインという最終目標には達していないということです。

■アメリカでユニバーサルデザインが生まれた背景

●ロナルド・メイス

「ユニバーサルデザイン」という言葉は、アメリカから入ってきた概念です。そして、ユニバーサルデザインに詳しい方であれば、ノースカロライナ州立大学の教授だったロナルド・メイスという人の存在を知っていると思います。

WHO（世界保健機構）は一九八〇年に国際障害者年を世界的な運動にしました。この一〇年前の一九七〇年に、世界の学識者たちに障害のある人たちに向けた調査報告書の作成を依頼しました。これをうけた一人がロナルド・メイスです。

彼が一九七四年にWHOに提出したものが「バリアフリーデザイン報告書」です。ここで「ユニバーサルデザイン」という言葉を使っており、一般的には、そこから「ユニバーサルデザイン」という言葉がスタートしたといわれています。

●高齢社会とアダプティブ・エンバイロメンツ

私はもうひとつ別の見解と事実に注目しています。

ユニバーサルデザインという言葉が時代性を持つに至ったのは、アメリカの社会状況がかなり関係しています。

アメリカでは、統計学的に二〇〇一年の七月頃、おそらく人口の一四％が六五歳以上になると予想しました。そして人口の七％が六五歳以上になることを「エイジングソサエティ＝高齢化社会」、一四％になることを「エージドソサエティ＝高齢社会」と定義づけ、二〇〇一年七月に迎える高齢社会に向かっての制度づくりが国策になりました。

クリントン政権では、障害のある人、高齢の人に対する対策をできる限り民営化する方針を決定しました。それはいわゆるＮＰＯの充実です。この代表がボストンにできた「アダプティブ・エンバイロメンツ」という組織です。

アメリカは訴訟社会ですから、たとえば「そこに段差があったから転んだ」と訴えることができる。

では、障害のある人たちにこうした問題が起こったとき、どこに訴えるか。そのときの受け入れ場所として、政府機関ではなく各州にアダプティブ・エンバイロメンツをつくったわけです。

このアダプティブ・エンバイロメンツに電話をかけると、専門家が出向いてきて、問題があれば費用もまかなったうえで訴訟を行う。と同時に、問題のある建築デザインやインテリアデザインを変更し、改善していくことを提案します。そうするとそこに新たなビジネスが生まれる。こういう形で、市民サービスを政府あるいは行政から切り離し、民営化してしまうという構造を作り上げたわけです。

こうした活動の背景に、ユニバーサルデザインという考え方が最も適していたといえます。

●ADA

またアメリカでは、とくにベトナム戦争によって、障害をもつ人が急増したことが大きな要因となっています。一九九〇年、ADA（Americans with Disabilities Act：アメリカ障害者法）という法律ができました。この法律が作られた背景にもユニバーサルデザインがあるという話もありますが、ロナルド・メイスは否定しています。メイスの考え方をベースにADAという法律ができたのではないと本人は言っているわけです。それは、クリントン政権が組織したデザイン団体が提案したユニバーサルデザインの定義と、ロナルド・メイスがつくった定義の内容には明らかに差があったからです。

●教育・産業・社会運動におけるユニバーサルデザイン

このような過程を経て、ユニバーサルデザインという言葉は、アメリカにおいて次第に関心が集まり、各分野・団体でその定義性が一人歩きをはじめます。その代表的なものが、教育・産業・社会運動の三つの団体で、それぞれに定義性が生まれたといえます。

教育分野では、これから設計あるいはデザインをしていく次の世代の人たちが、どのようにユニバーサルデザインを扱うか、どのような方向性が求められるか、ということが考えられました。たとえば、ユニバーサルデザイン・エデュケーション・プロジェクトというものがあります。デザイン、建築を学んでいる学生にカリキュラムとしてユニバーサルデザインという手法・理念を教育として伝えようというもので、米国では当初は二二の大学、のちには二五の大学が参加していました。日本にも参加が呼びかけられ、私が教える名古屋市立大学芸術工学部が日本の代表校になっています。

そして産業では、産業を活性化するためのユニバーサルデザインという考え方が出てきました。それから社会運動でも同様の動きがあり、この三つの分野でそれぞれユニバーサルデザインを進めるうえでの主導権をめぐって権力闘争があり、それぞれの指導者が求められました。

こうしたとき、一九九八年に第一回の国際ユニバーサルデザイン学会がニューヨークのホフストラ大学で行われました。そのときにロナルド・メイスが提唱者として講演をしました。しかし、残念ながら、その一週間後に彼は亡くなります。これからという時に、ユニバーサルデザインの精神的・理論的な支柱であり、カリスマであるロナルド・メイスをアメリカは失ってしまったわけです。このため、それぞれの分野で混乱が起き、この混乱したユニバーサルデザインの状態がそのまま、日本にもち込まれてきた形になりました。

これが、日本にユニバーサルデザインが入ってきた来歴のひとつと考えられます。

■ユニバーサルデザインの七原則を見直す

ロナルド・メイスは、ユニバーサルデザインの重要性を述べるなかで、「七つの原則」というものを提言しました。

この七つの原則、つまり「公平性、自由度、単純性、情報理解性、安全性、省体力性、空間確保性」については、私は学生

ユニバーサルデザインの七原則とその検証

	英語	日本語
公：公平性	Equitable Use	誰にでも公平に使用可能で不利にならないこと (不平等であること)
自：自由度	Flexibility in Use	使ううえでのフレキシビリティがあること (不自由性と拘束性の解放手法)
単：単純性	Simple and Intuitive Use	簡単で直感的にわかりやすい使用方法 (複雑さの克服)
情：情報理解性	Perceptible Information	必要な情報的な要素が即理解可能であること (情報の非公開性)
安：安全性	Tolerance for Error	デザインが原因となる危険性や事故発生が皆無であること (安心性との相反)
省：省体力性	Low Physical Effort	使用するときに無理な姿勢や余計な体力を不必要であること (体力錬磨)
空：空間確保性	Size and Space for Approach and Use	接近性や大きさや空間の広さが十分に有効であること (省スペース性)

に「とりあえずデザイナーをめざすなら全部暗記のこと」と言っています。

でも、私は、この七原則自体を改めて見直してみるべきではないかと、考えます。なぜならこの七原則はあくまでもアメリカのものです。ですから、とりあえずはユニバーサルデザインというものはこの七原則でできているということを知ったうえで、これを日本流に再考し、再構築していく知恵が必要だと思います。

日本の状況、あるいは日本の民族性や将来的な理想に照らし合わせながら、われわれは別のものをつくらなければいけない、ということをわかっていただくために、ここで七原則を検証してみたいと考えます。

一．公平性

誰にも公平でなければいけないとなっていますが、実際はそんなことはありえません。人間は生まれながらに不平等であると考えるべきです。裕福な家に生まれた子供もいれば、貧しい家に生まれた子供もいる。また、偏差値の高い子供もいれば低い子供もいる。やはり人間社会にはそれなりの差異性があるわけです。

完全な公平性というのはありえないけれども、社会支援や制度においては公平性を目指すことが大切だという理想そのものは否定できません。

二．自由度（柔軟性）

これは使用するうえでフレキシビリティがあること。使うときに自由に使うことが可能であるものを言います。

しかし、最初から柔軟で自由であるということは、大きな弊害も生み出します。個人の好みに応じているだけでは、その人は自分の好みや対応できる範囲に閉じこもり、それ以外、それ以上のものには興味を持たなくなってしまう危険性があります。つまり、食べず嫌いを克服させるための不自由な仕掛けを考慮する必要があるということです。

三．単純性

使い方が直感的でわかりやすいこと。

しかし、そんなものばかり与えていたら、複雑さを克服していく力はなくなってしまいます。場合によっては、使い方が難しいものによって、使い勝手を学び取っていくことも必要です。

たとえば町でアンケートをして、「いま一番必要としているものは何ですか」、また「いま一番不必要なものは何ですか」と聞いたとしたら、どちらの答えも携帯電話だと言われています。これは何を意味しているかというと、携帯電話を持っていることのメリットと同時に、携帯電話を持っているために生じる不便さも必ずあるということです。つまり単純明快な機器がいいのか、あるいは複雑な機器がいいのかは、人それぞれによって異なります。

単純性の質については熟慮されなければいけません。

四、情報理解性

いま、情報公開が当然という風潮があります。しかし、私は情報は全部公開すべきではないと思っています。本当の情報とは何なのか、よくわからない人々に情報をすべて公開して、混乱をまねくとしたら、その情報公開が何になるのか。情報の非公開制度というのも、ある場合には必要だと思います。

現在の食品や化粧品などのラベルは、すべて情報を公開していることになっています。たとえば、成分としてコラーゲンが入っていると書いてあるとします。ではコラーゲンの源は何なのか、コラーゲンが入っていれば肌がきれいになるのかというと、そういう情報は公開されていないわけです。これでは、コラーゲンを知らない人には意味のない情報になってしまいます。

単に情報を公開するというだけではなく、どこまで公開されるべきなのかというインデックス性やコンテンツ性も問われるべきだと考えられます。

五．安全性

安全性には国家制度や業界自主規定の安全基準がありますが、この安全基準を全部満たしたからといって安全であるとは限りません。それはなぜか。安全性というのは、「安心性」が確保されていることが前提だからです。

たとえば、日本では小学生に小刀をもたせることができません。それで人を刺したらどうしようと教育側が考えるからです。ところがスイスでは、男の子は七歳になったらナイフの使い方を教えられ、一四歳になったら鳩の解体まで教わると聞いています。このように、動物は殺すけれどもその肉は全部食べるということまで徹底して教育されれば、ナイフをポケットに入れていてもいいわけです。要は、安心を得るための教育をやっているかどうかということです。

だから、単純に安全性だけを求めるデザインではだめです。デザインが原因となる危険性が皆無であるということはありえませんから、安全性だけでしばるのではなく、安全性と安心性を組にして考えなければいけません。逆に、安心できれば安全でないものでも使いこなすことができるわけで、私はまず安心できるデザインが必要だと思います。

六、省体力性

これはあまり体力を使わないでモノが使えることです。私自身も車いすを自分で走行するのは辛いですから、人に押してもらいます。電動車いすに乗ればもっと楽になりますが、そうすると体力は落ちていきます。エレベーター、エスカレーターを使うことは省体力性ですが、こうしたモノをいつも使っていれば足腰は弱くなり体力は衰えるでしょう。

ということは、必ずしも省体力性がいいとは限らず、体力錬磨をすることも重要だといえます。

七、空間確保性

七原則で最も日本的な問題となるのは、この空間の確保性かもしれません。アメリカは広い国ですから、空間の確保という問題はないわけです。しかし、日本は狭いですから、省スペース性であることが優先されなければいけません。そのうえで、使用可能なデザインが求められる。

実は、日本のユニバーサルデザインとは、ここに日本なりのオリジナリティが発揮される可能性が潜んでいると考えています。

■七原則はユニバーサルデザインの基準的な考え方

このように見ていくと、アメリカからの七原則は日本の現状にとっては、やはり違う部分があるのではないかと思うわけです。七原則は、ひとつの目安にはなるでしょう。または基準的な考えの一つだと考えています。しかし、必ずしもユニバーサルデザインを実現していくすべてを表現しているということにはならないのです。

まず、すべての人が使えるような万能なモノは実際には存在するはずがありません。そんなものが設計ができたら、デザイナーという職業は神様＝Creatorに近い職業になってしまいます。「ユニバーサル＝普遍的」にモノを見ていくということは、たとえば世代、性別、出身によっても異なる価値観、これらをすべてまとめたうえで平均化するということではありません。それぞれの特殊性は認めあったうえで、「回答」を見出す必要があります。「回答」です。「解答」ではありません。

では、何がモノを見るときの軸になるのか。

自分が行為を起こしていくときの物差しとして、私は三つ言葉を用意しています。

一つは「基準」。

「準」という言葉は本来、入れ物に水を入れて、揺さぶってそのうちに水が収まる状態を意味します。つまり「基準」というのは絶対的な回答です。絶対的にこの部分だけは押さえなくてはいけない、というのが「基準」となるわけです。

二つめは「水準」です。それぞれの人には、その人なりの「水準」があります。これは人それぞれです。そして「基準」と「水準」の両方を合わせ、一般化できるかというときに三つめの「標準」が出てくるわけです。

確かに、ユニバーサルデザインは高い目標です。では、その中の基準とは何なのか。そして七原則を基準として考えたとき、これを日本の水準、日本の環境に合わせたらどうなるのか、と考えてほしいわけです。

たとえば福岡市では、八原則というものを定めました。それは福岡市で考えた原則です。けっして、七原則の引き写しではありません。福岡市ならではの基準と水準だと評価します。

実は、私自身、原則などいらないと思っています。自分が自分のためにオーダーメイドで使えるものが一番いいのです。

ですから、まず自分が欲しいモノをつくる。自分が欲しいモノというのは、「自分＝一人称」のデザインです。自分がサービスを受けるときに、どうして欲しいかという一人称としての要望を明らかにする。

その次に恋人・妻・兄・弟などの「あなた＝二人称」のデザイン、それが結果的には「彼ら＝三人称」のデザインとして普遍化して標準になる。それが理想だと思っています。

いずれにしても、七原則にとどまらず、自分なりに七原則を膨らませたり、七原則を吟味し、徹底的に検証することによって、自分のユニバーサルデザインの定義づけをしてみることが必要ではないでしょうか。

そのための第一歩として、まずユニバーサルデザインというのは、すべての人が「自分自身の問題」であると考えていただきたい。

これからの日本人の平均寿命は一〇〇歳前後まで伸びる可能性があるといわれています。そして一〇〇歳以上生きた場合には、アルツハイマーになる確率は七〇％にも及ぶのではないかとさえいわれています。ユニバーサルデザインは、決して他人事ではないのです。

そして、いま身の回りにあるもの一つひとつに対して、謙虚に、そして真

図1　エジプトのヒエログラフ

剣に、素材から形態に至るまできちんと検分し、分別していくことです。

ユニバーサルデザインとうたっているものを見たときでも、それが本当にユニバーサルデザインかどうか、その機能性や存在性そのものが美しいのかという自分の美意識をもって分別をするべきです。そうして見ていけば、いまのユニバーサルデザインのブームも、もう少し地に着いたものになるのではないでしょうか。

■ユニバーサルデザインのヒストリー

まず、ユニバーサルデザインを考えなおしていく一助として、福祉や介護の歴史をさかのぼってみたいと思います。

人間の基本的な問題として、いったい、いつごろから「健常者対障害者」という区分ができたのか、それに対して人間はどのような配慮を行い、どのような気持ちで介護や看護や保護をしてきたのかという歴史です。

●クロマニョン人

人類に、いわゆる「同情」という概念が生まれたのはクロマニョン人あたりからだろうという話があります（クロマニョン人はいわゆる人類の源では

図2　エジプトのヒエログラフ

ないともいわれていますが）。もっとも新しい二〇世紀に発見された原人は、マレーシア半島で見つかったペナ原人なんですが、そのペナ原人をみると、片腕がない。それなのに骨の鑑定をすると約四〇歳ぐらいまで生きただろうといわれています。そんなことは古代にはありえません。ということは、回りで支えていた人が必ずいたはずです。おそらく、その原人の家族が面倒をみていたと考えることができます。

マンモスを捕っているような時代の武器は大した武器ではありませんから、狩猟側のほうがマンモスにやられる危険性が大きい。そうすると、傷ついて帰ってきた狩人を、その親・兄弟が放っておけないと思うことはごく自然です。おそらく家族や、あるいは家族を取り巻く地域社会で、体の不自由な人の面倒をみてきた、つまり介護をしてきたと考えられます。

●古代エジプト時代

紀元前約四〇〇〇年ぐらい前のエジプトのヒエログラフ（絵文字）に出ている絵をよく見てみると、脚が細い人の図柄があります（図1、2）。これはポリオ、いわゆる小児麻痺なんです。それから、腰が曲がっている女性もいます。これはたぶん筋ジストロフィーの初期だろうと思われます。すでにこの時代、

図3　『盲人の比喩』（ピーター・ブリューゲル、国立美術館、ナポリ、一五六八年）

身体に障害のある人たちがいたということが明らかです。

●ルネサンス期　ピーター・ブリューゲル

人的な介護・看護だけでなく、「自助具」、つまりからだが不自由になった人を支えるモノは、どんなモノが歴史的に存在していたのでしょうか。

私がそう考えたときに出会ったのが、ピーター・ブリューゲルの作品です。

彼はルネサンスがイタリアで派生していた時代のオランダの画家です。一般には農民を題材にした絵で彼は知られていますが、もう一つ、宗教的な訓話や人生の教訓、いわゆるたとえ話に皮肉やユーモアを加味した絵画にもすばらしいものがあります。その絵のなかに、当時の身体障害者が描かれているものが数多くあります。

たとえば、目が不自由な人たちが描かれている絵があります（図3）。これは、目が見えない人、つまり何もわかっていない者同士で手を携えていくと池の中に落っこちてしまう、というたとえ話を題材にしています。実は、この絵の中の人の表情を一つひとつ追いかけていくと、先天的なものから後天的なものまで、盲目の原因となる目の病気が正確に描き分けられていることがわかります。目の病気としては、糖尿病が原因というのがあります。それから、

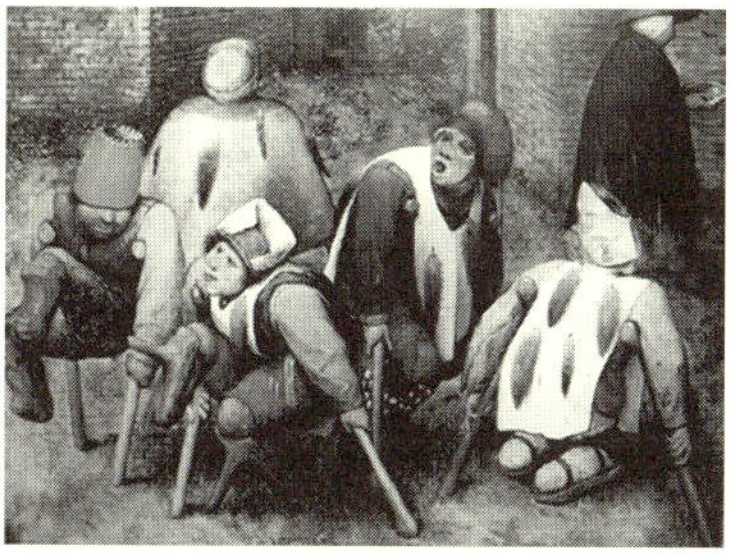

図4　『足の不自由な人たち』（ピーター・ブリューゲル、ルーブル美術館、パリ、一五六八年）

年をとると白内障になります。それらが明らかにこうした絵画に表現されているのです。

また、従来「いざりたち」と訳されていた絵があります（図4）。これは差別用語ということで、このタイトルは展覧会ではつけられません。そこで「足の不自由な人たち」というタイトルになります。この絵では今でいう松葉杖をついたり、あるいは義足の人が描かれています。なぜ、このような人がいるかということを想像してみると、これには二つ理由があります。

一つは当時のヨーロッパは水が悪かった。いまはペットボトルに入った水を飲んでいますが、水に非常に多くの石灰質が含まれていたといわれています。だから、年をとると脚がむくんできて歩けなくなる人が多かったということです。

もう一つは戦争です。戦争で脚をやられた場合、この当時はとにかく切断してしまいます。当時の技術で脚を切断しても、止血をしっかりすれば命を失う心配はさほどなかったわけです。そういうことから、足の不自由な人がたくさんいたと考えられます。

このように人間は歴史的にみても、はるか昔から障害をもつ人間を、家族、道具、そして社会環境が支えてきたことがわかります。

■ユニバーサル＝「宇宙的」な視点

次に、私自身のユニバーサルデザインに対する基本的な考え方を述べていくうえで、いくつかのキーワードをご紹介したいと思います。

ユニバーサルデザインという言葉はアメリカからもたらされた言葉ですが、この考え方の基本には人間の根本的なあり方、さらには歴史性・民族性なども関係していると思われます。

私が一番最初にユニバーサルデザインという言葉を聞いたとき、頭に浮かんだのはマイケル・カリル（Michael Kalil）という友人でした。

彼は一九八九年に名古屋で開催された世界デザイン会議にも出席しています。主催者に彼を呼ぶように依頼したのは私ですが、当時、すでに彼はユニバーサルデザインという言葉を使っていました。しかし、当時は誰も注目しませんでした。

マイケル・カリルは、ＮＡＳＡのデザイナーです。すでにエイズで亡くなっていますが、ヒューストンにあるＮＡＳＡには、いまも彼の部屋が残されています。デザイナーとして宇宙開発に関わるなかで、無重力状態でジュースの入ったコップを飲むためのテーブルをどうやって設計するか、ということを研究しデザインしていました。それから彼は哲学者でもあり、アメリカのデザインの背景となる哲学を研究し、一年の半分は米国各地の大学で講義をしていました。

マイケル・カリルは、「ユニバーサルデザイン」という言葉をこのように言っています。

「月から地球を眺めた場合、デザインという言葉がもてはやされているのは、先進国家だけである」。彼が月から地球を眺めたらどうなるかと考えたとき、目に飛び込んできたのは貧しい国でした。貧しい国にはデザインがなかったのです。

それはどういうことか、たとえば扇風機で考えてみたいと思います。

扇風機は、まず風が起きなければいけない。その機能がまず満たされたうえで、次の段階では、風が揺れたり、首を振ったりと機能も複雑になります。デザインが問題になるのは、このあたりからでしょう。そしてさらに進化すると、タイマーがついて、時間が来ると止まったり音が鳴ったりもします。でも、途上国では、風が起こるというレベルがやっとで、その次の段階にまで進化していなかったということです。

マイケル・カリルがユニバーサル、つまり「宇宙的」な視点でものをみたとき、一番「解決」つまり「解答」を準備しなければいけないと感じたのは、南北問題、貧富の差でした。これらを解決するためには、いいかえれば、先進国家にある差別意識の問題です。これらを解決するためには、どういうデザインが必要であるのか。宇宙的に解決をつけるとしたら、普遍的なデザイン、つまりユニバーサルデザインでなければならないと考えたのです。

また、デザインとモノの関わりにはいくつかの段階があります。車だったらカローラは日本ではポピュラーな車ですが、ベンツ・BMWになったらある種の象徴性・ステイタスという所有欲との関係性が出てきます。しかし、こうしたものはユニバーサルデザインとは呼ばないでしょうということです。

地球全体を見たときに、まず基準的なデザインがないところにデザインを浸透させていきたい。それが彼の基本的なユニバーサルデザインです。

それは誰にとってもデザインされたモノに手が届くようにという願いだったのです。

この「誰にとっても手が届くように」ということが、さらに細分化されて考えられていくと、「誰でも使えるデザイン」という言葉に置きかわっていくわけです。

ロナルド・メイスの七原則は、このようなマイケル・カリルの言っていた哲学的な定義を細分化して具体的に表現したもの、と私は考えています。

■ノーマライゼーション

「ノーマライゼーション」という考え方を、ユニバーサルデザインという言葉の源の一つとしてあげておく必要があるでしょう。

ノーマライゼーションとは、知恵遅れの子供たちをどうやって支えていくかという福祉行政から生まれたものです。デンマークのN・E・バンクミケルセンという人がこの言葉をつくりました。

この人は市役所の職員として、知恵遅れの子供たちにかかわるうちに、この子供たちが家族から見放されることが多くあることを知ります。かといって、キリスト教的なボランティアで支えていくことにも限界があるので、救済方法を求めて当時の社会省に訴えるわけです。そのときに使ったキーワードがこの言葉です。

彼はまず、施設づくりを訴えます。当時の知的障害児の施設であり学校は、いま日本でも精神病の患者たちを隔離することが問題になっているように、都市部から隔離した施設で、精神科医が一緒に生活していました。そして、施設がだんだん機能拡充をはかって大型化します。大型化するにつれて運営のための組織化も必要となり、予算も大規模になっていったわけです。

こうしたなかで、彼は本当の意味で知的障害児と呼ばれる人たちが必要としているニーズは何なのかと考えるようになります。

その結論が、小型化、分散化、地域に密着した施設でした。そしてそれを要請するために、彼は要請文書を何度も書き直すわけですが、この過程で人は平等でなければいけないとか、差別をしてはいけないといった発想が生まれ、最終的には日常生活の質、人生の質の向上というものに行き着きました。これがよくいわれるＱＯＬ（クオリティオブライフ）です。

彼はＱＯＬに気づきます。さらに在宅ケアでなければＱＯＬは完成しないと考えます。そして最終的には在宅死システムという考え方に到達するわけです。

ノーマライゼーションとは、アブノーマル＝正常からの逸脱ということです。一般に健常者はノーマル、障害者はアブノーマルというふうに考えられがちです。が、じゃあ、本当に健康な人がいるのかと考えると、確かに肉体的に健康な人はいるかもしれません。でも、眼鏡をかけるだけでも、もうマイナス要因を背負うことになります。両手に荷物を持った状態で歩くときや、酔っぱらいなども、実は障害者と同じ状態です。ということは、世の中にノーマル（正常）な人間なんていないと考えるべきでしょう。

人間について考えるときに、正常と呼ばれるものはありえないということが、ユニバーサルデザインを考える基本理念の一つとして掲げられる思います。

■「優しい」と「易しい」

最近、「人にやさしい街づくり」など、やたらと「やさしい」という言葉が使われます。

私は「やさしい」という言葉を平仮名で書くのはやめてほしいと常々訴えています。

「優しい」と「易しい」では、全然意味が違います。

「優しい」は、優美という言葉があるように、本来、目立たないことです。目立たないで控えめでいることが、優しさです。たとえば再生紙を名刺にして、それでもって私のところは地球環境にやさしい会社です、などと声を大にして言うことではないと思います。

もう一つの「易しい」は、トカゲからきた言葉です。トカゲは周辺の環境に合わせて色を変えるわけです。言ってみれば替わり身が早くて、簡単に色を変えるということから、容易、便利という意味になったわけです。

このように、本来は意味が異なった二つの言葉が、いまは一つの平仮名の「やさしい」にまとめられて、意味をあいまいにごまかして使っていると言ってもいいでしょう。

たとえば東京駅には、車いす乗客の案内係がいます。以前、私が新幹線に乗ったときのことです。私の前には乳母車を押しながら、背中にも赤ちゃんを背負ったお母さんが歩いていました。私の前を歩いていた案内係は、その人に向かって、「はい、どいて！」と押しのけたんです。私は車いすですが、あのお母さんも大変だということがその案内係にはわからないんですね。妊婦さんや赤ちゃんを抱えている人たちを大事にするという気持ちも働かない人間が、車いすの人の応対をしているわけです。これが日本のサービスといわれるものの実態です。

そういう意味で、この二つのやさしさの違いを改めて理解できるかどうかということ。それは感性・知性の問題をひっくるめた全人格的なものです。

この全人格性を通用させていくことが、ある意味では理想郷であるユニバーサルデザインをつくっていく鍵になるのではないかと思います。

■「きょうせい」と「ともいき」

経済分野において、「共生主義」を掲げる企業が二〇世紀後半から出てきました。政治の世界でも、地球環境においても「共生（きょうせい）」という言葉が使われます。

「共生」には、生物学的な意味、社会環境学的な意味、宗教学的な意味の三つの意味があります。

生物学的な意味ということでいくと、「共生」はsymbiosisという言葉になります。ただし生物学的には「共生」という言葉、術語はなくなりました。たとえばカバの口のなかに鳥がとまって、歯の間に詰まったモノを食べてくれる。そのような状態を共生と呼ぶわけです。しかし、これは偏利共生といって、寄生のことです。

共生というのは本来、利益を半々にするという考え方ですが、偏利共生には半々なんてあり得ないということが生物学では実証されてしまったわけです。したがって、生物学からの共生の引用は不可能だと考えます。

宗教学的な意味では、浄土宗において「共生」という言葉が出てきます。ただし浄土宗ではこれを「ともいき」と読みます。「ともいき」は英語で言えば「Living Together」という言葉の意味に最も近い。一緒に生きていくという意味であり、これがユニバーサルデザインの考え方の骨子と重なっていると考えます。

ですから私は、日本的な解釈として、「きょうせい」ではなくて「ともいき」と読む「共生」を選択するべきだと主張しておきたいと思います。

■障害者の定義と社会的支援

健常者と障害者という言葉がでてきたので、ここで「障害者」という定義を確認しておきたいと思います。

日本では、今なおハンディキャップという言葉で障害者を全部表していますが、世界的にはそうではありません。障害者は現在、以下の三つの言葉で表現されています。

・impairment：機能障害
・disability：能力障害
・handicap：社会的不利

私はこの三つの言葉を次のように考えました。

インペアメント（inpairment）は、生涯病院で生活しなければならない状態の人たちです。かつて彼らは、一八歳ぐらいまでに亡くなる寿命でしたが、いまは医学の進展とともに三〇歳を超えても生きられる状況になっています。そのため医学や医療による看護・介護が非常に重要です。

ディスアビリティ（disability）は、病院から離れても、家庭で自助的に日常生活ができる状態の人です。たとえば靴下が自分ではける、お風呂に入るときはちょっと手助けをしてもらえば自分で入れるけれども、職業につくことは難しい人です。ディスアビリティには生活用品とか、身の回りに何らかの配慮がなされたモノが必要です。

そしてハンディキャップ（handicap）は、職業につき社会参加ができる人たちです。だから、ハンディキャップでは社会制度が重要となってきます。

この考え方は、そのまま高齢者に当てはめることができます（図5）。

まず、一般の成人を健康な状態と考えると、次に来るのはハンディキャップです。仕事はしていないが、ボランティアをしたり、地域に対して役割を果たしているというときはハンディキャップの状態といえます。次にもう少し年をとると、地域や外へは出かけられなくなる。その次に家族に手助けし

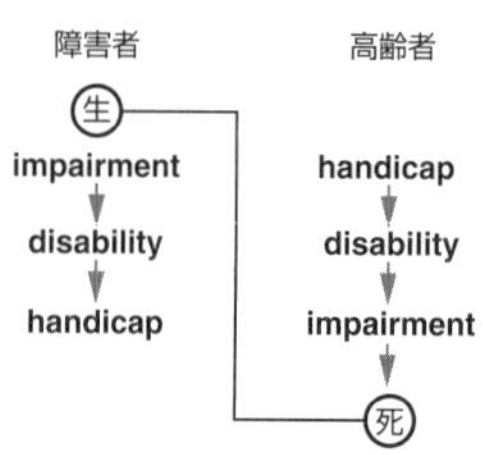

図5　障害者と高齢者の対比

てもらえば、自分の身の回りのことはできるというディスアビリティの状態がきます。そしていよいよ亡くなる寸前には病院に行き、医療的な看護を受けるインペアメントの状態になります。

高齢者はこういう形で死を迎えます。

つまり、高齢者と障害者は順序が逆転しただけで、同じ範疇だということを表しています。

つまり人間はすべてインペアメントの部分をもち、なおかつディスアビリティ、ハンディキャップの部分を生涯の時節としてとらえたときに、人々はすべてこうした季節をもっているということになります。

●社会システムによる支援

では、このインペアメント、ディスアビリ

図6　障害者への社会的支援

・障害者	impairment 機能障害	disability 能力障害	handicap 社会的不利
・支援援護分野			
医学的分野	医学による 治療加護	リハビリテーション OT・PTなど 自己管理の医学的支援	定期的検診 救急体制など
教育的分野	基礎的教育 施設内教育 個人別教育	生活訓練 自宅就業教育	社会参加のための 職業教育 スポーツ訓練
ボランティア 地域社会 企業	医療の専門知識や 資格ある介護世話人	日常生活の行動支援	社会参画への援助 企業雇用の改善
政治的 社会制度	医療制度 保険制度	住宅や車両など 生活必備具の 貸与制度	社会保険 社会環境整備 各種特例保険制度 社会福祉
デザイン	医療機器 教育機器 開発デザイン	生活自助具 住宅設備 改善デザイン	環境デザイン 職種対応の 支援機器設備 デザイン

ティ、ハンディキャップに対して、医学的分野、教育的分野、ボランティア・地域社会・企業、政治的社会制度、デザイン的分野など、各分野からどのような支援が行えるのかということを考えたいと思います（図6）。

医学的分野でいえば、インペアメントは基本的に医学的支援によってしか解決方法はありませんので、医学の果たす役割は重要です。ディスアビリティにはリハビリテーションなどがあります。

教育分野では、インペアメント＝施設のなかでどうやって個人別の教育をするか、ディスアビリティ＝自宅でどうやって教育を受けさせるか。ハンディキャップ＝いよいよ社会参加するためにはどうしたらいいか、などの支援があります。

そしてデザイン分野では、ディスアビリティを補い、ハンディキャップを極力軽減するために、施設内部の医療器具、教育機器の開発・デザイン、生活自助具、住宅設備の改善デザイン、環境デザイン、職種対応の支援機器設備デザインなどがあげられると思います。

このように、誰もが対象となる可能性がある障害者、そんな時期を支える社会的支援、言い換えれば、人間の個人差にひとつひとつ対応できるモノやシステム、それを供給できる社会システムや制度の改革こそが、ユニバーサルデザインといえるのかもしれません。

■プロダクトにみるユニバーサルデザイン

Gマーク（グッドデザイン賞商品選定制度）は一九五七年にできた制度です。一九九六年に、通産省（現在の経済産業省）から財団法人日本デザイン振興会に運営が移行し、民営化されました。

そのときに、私も選定基準の見直しに携わり、三つの特別賞を新設しました。その一つが「ユニバーサルデザイン賞」です。もともとあった「福祉部門賞」をベースにして「ユニバーサルデザイン賞」に変えたのです。たとえばこの受賞作品をみていただくことでも、ユニバーサルデザインを理解する手助けになるのではないかと思います。

ここでは具体的なユニバーサルデザインとして、私の作品をご紹介します。

●CANO

デザインしたのはずいぶん昔になりますが、私の代表作の一つであるキッチンタイマー「CANO」です（図7）。タイマーというのは音で知らせるものですから、目の不自由な人たちにも使えるという発想から、最初は製品の周

図7　CANO

囲に点字をつけました。ところが、これを点字図書館に持っていったら、すぐに笑われてしまいました。実は、点字が読める人というのは目が見えない人の約一五%しかいない。途中で失明した人は点字が読めず、せいぜい出っ張り感みたいなことしかわからない。そこで点字はダメだということから、目安となる0と30と60の目盛りに凸凹のポッチをつけたわけです。

日本では当時のグッドデザイン福祉部門賞、ドイツではＩＦ賞という賞をいただいています。

●眼鏡（アンチテンションアイグラス）

二〇〇〇年の最後に世界的に最も権威のあるSilmo＝シルモ賞のグランプリをいただきました。その受賞作品がこの眼鏡です（図8）。

このフレームの特長は、レンズの固定方法です。枠を使ってレンズを固定している普通の眼鏡と違って、テンプル部分を広げてもレンズにゆがみが生じません。したがって、瞳孔距離に対してレンズの歪みの影響がないわけです。また、これ一つでレンズ交換が可能です。様々なレンズの玉形が利用できます。これはユニバーサルなわけです。

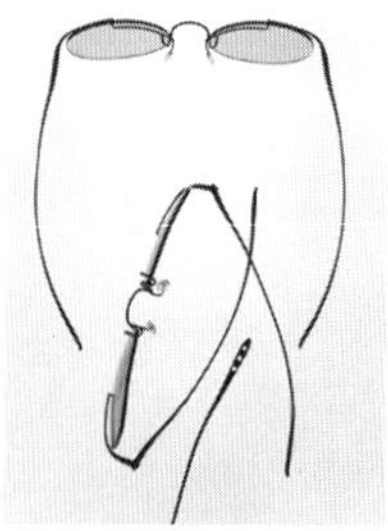

図8　アンチテンションアイグラス

●人工臓器

私自身は、本当のユニバーサルデザインはデザイナーが人体の内部をデザインしていくことだと考えています。いままでのデザイナーは、体の外にある、たとえば洋服や眼鏡や機器などをデザインしてきましたが、これからは人工臓器など、人体の内部もデザインしていくべきだと思います。

今、少子化が問題になっています。食べ物が変わってきたこともあって、男性の一〇人に一人は生殖能力をもっていないという調査報告があります。しかし実は男性だけが悪いのではなくて、女性の不整形骨盤が影響しているケースが非常に多いのです。そこで、不整形骨盤の女性にＭＲＩやＣＴスキャンで撮ったデータを立体に組み立てて見せて、「あなたはここを削ればちゃんと赤ちゃんが産めますよ」と説明します。正確なインフォームドコンセントのためには、正しい骨盤と患者さんの不整形骨盤を実物で見せればわかりやすい。これは、名古屋市立大学内で医学部と一緒に研究しているもので、人工臓器の一つといえます。

●二次元バーコードシステム

バーコードというのはいずれ二次元のものに変わることになるでしょう。

私がデザインしているのは、七ミリ角の大きさから作れて、約一センチメートル角の中に二〇〇文字入るものです（図9）。つまり、四〇〇字詰めの原稿用紙が一×二センチメートル角の大きさに入ります。

今は、たとえば目の不自由な人が弁護士試験を受けようとして「六法全書」を読もうとしたら、膨大な量の点字本を読まなければいけません。しかし、このバーコードの書籍なら本当に薄いものですむ。しかも、見ただけでは何が書いてあるかわからないものは、音声合成による音で伝えることもできます。

これを利用すると、たとえば目が見えない子供と目が見える子供が一緒に読める絵本を作ることもできます。つまり、目の見えない子が絵本にある丸・三角・四角を読もうとすると、表面に浮かんでいるものを手で触ればわかるし、または、音声で「丸・三角・四角」と言ってくれるわけです。

■これからのデザイン・デザイナー

私が商品開発のときに必ず言うことは、「いまあなた方がつくっているものは、あなた方自身が病院に入ったとき、入院して患者になったときにも使えるか」、ということです。もし使えないなら、使えるように配慮すること

図9　二次元バーコードシステム

が健康であることの基本的な考え方だと問いかけることにしています。

両手にモノを持った状態、酔っぱらった状態、自分が年老いたときの状態を考えていったら、自分がいま担当している商品が本当にそれで正しいのか、たとえば自分はカメラのスイッチをこうやって押すけれども、そういうふうに押せない人はどうやって押すのだろう、という「思いやり」を考えるべきです。

かつて私はヒゲ剃りのデザインをやったとき、ヒゲを剃って一番うれしい人は誰かということを考えました。そのとき思い出したのは、私が入院していたときに、隣に入院していた人のことです。頸椎損傷で入院していて、やっと手が動くようになってヒゲを剃ったとき、「川崎さん、今日は自分でヒゲを剃ったんだ。やっと生きてるという感じがした」と言いました。その言葉を思い出したときに、本当にヒゲを剃ってさわやかな気持ちになるのはこういう人なんだと思いました。そして、その人のためにデザインされたモノができないかと考えたのです。

このような視点でモノを見ていくと、われわれが今までどちらかというと欲望の対象としてモノを設計・デザインしてきたことは、明らかに間違いだとわかります。

私は、金沢美術工芸大学の産業美術学科の出身です、工業デザインを専攻しました。工業デザイナーとしては企業の利益のためにモノに形を与える、あるいは、人が物欲を呼び起こすようなモノのためにデザイン活動をするということが目標だったわけです。その仕事は決して恥ずかしい仕事ではないです。経済活動につなげるうえでは基本中の基本だと思います。

問題はそこからです。

これからわれわれはその次の段階に入っていかなければいけないのです。その次の段階とは、今度はわれわれがつくった機械や道具やシステムがよりユニバーサルに、目の不自由な人、年老いた人といった人たちにとってもより使いやすくするにはどうしたらいいのかを考えることです。

私はデザインを三つのことで表現しています。

一つは「思いつき」です。でもこれはすぐに否定されます。思いつきには否定が含まれてしまうからです。「それは思いつきにすぎない」と言われます。

二つめは「思いこむ」です。自分の考えの中に引きこもっている。熟考とも言い換えられますが、これにも否定形がつきまとう。つまり、アイデアを思いついただけでも、思いこんだだけでもダメで、デザインというのはそこをもう一段階上に上がらなければいけないのです。

それは「思いやる」ことです。非常に難しいことですが、万が一これが倒れたらとか、こういう人がこんな使い方をしたらとか、とんでもない使い方までできるだけ幅広く思い浮かべること、思いやることです。そして、思いやりの考え方の基本は、先述した「優しさ」であり、「ともいき＝Living Together」であると考えます。

こうした考え方をもてるかどうかは、デザイナーとしての生き方の問題だろうと思います。企業のインハウスデザイナーであれば、自分が企業内にいる立場を利用しながら、「これで企業は儲けてくれて充分だ。だけどこの活動は高齢者、障害者など少数の人のためにも、ボランティア的にこんなふうに形やシステムが変えられるのではないか」という提案をしていくことだと思います。こんなことが、私はこれからデザイナーがやっていくべき仕事ではないかと思います。

たとえば先述した二次元バーコードシステムは、もともと、生産システムの自動化のために必要だということで考えました。これは今後、販売店の情報システム、いわゆるＰＯＳシステムにも使えるし、物流システム、医療関係にも使われていくだろうと当初は考えていました。

しかしこのとき私が意図したのは、商業主義で開発されたバーコードリーダーを、流通関係だけに限定するのではなく、そのままそっくり目の見えない人のための機器にできないかということでした。

たとえばこの絵本の発想をもっていても、生産システムのメーカーは絶対に目の見えない子供相手にこの機器は造らないでしょう。そのまま絵本で提案しても、どの企業も取り上げてくれないでしょう。

いまはどうしても経済原則にしたがわなければ、モノを社会に出していくことができません。だから逆にこれを利用するということが必要です。それでもし、この担当者に、目の見えない人のために役に立つと言ったときに、その担当者が目を輝かして「川崎さん、それはすごいね」と言ってくれるような展開にもっていければすばらしいと思います。

要するに、これからデザイナーは相当の策士にならなければいけません。自分の本当につくりたいモノづくりのための企みが、これからのデザインには絶対に重要です。ユニバーサルデザインにしていくための戦略を、たくさん考えていく必要があるのです。

■終わりに

現代はユニバーサルデザインの時代になりました。インターラクションデザインの時代であります。しかも、エコロジーデザインとまで言っていいかどうかわかりませんが、少なくともサステイナブルデザインの時代だと理解したほうがいいと思います。

そこで、私が言いたいのは、今までのデザイナーはインダストリアルデザイナー、グラフィックデザイナーと言ってきましたけれども、これからはこの呼称をぬぎすてることです。

今後デザイナーは、ユニバーサルデザイナー、インターラクションデザイナー、サステイナブルデザイナーだと名乗ってもらいたいということです。それが、デザイナーとして活躍するために欠かせないことだと思います。

第三章

● エドワード・スタインフェルド

● ユニバーサルデザインの一日
——プロダクトデザインから建築まで

■ユニバーサルデザインの定義

ユニバーサルデザインについては専門家によってさまざまな見解があると思いますが、いろいろな考え方があってよいと思います。私の定義をいうと、ユニバーサルデザインは、差別をせず、障害をもつ人々や高齢者、子供など可能な限りすべての人々の社会参加を果たしてくれるような機能をもつ製品や、環境を向上させるデザインです。われわれは一〇年間この分野に携わってきて、ユニバーサルデザインの手法が実にさまざまであることを学びました。したがって、ユニバーサルデザインを絶対的存在に位置づけるのではなく、考え方や態度といった一つのプロセスとして用いることにしています。

■ユニバーサルデザインを理解する四つのポイント

ユニバーサルデザインを理解するうえで、私は次の四点を強調したいと思います。

第一に、ユニバーサルデザインは障害の有無にかかわらず、等しく機能します。第二に、美しさを兼ね備えることが必要です。デザインが魅力的でなければ、使ってもらうことも買ってもらうことも望めません。

第三に、ユニバーサルデザインは製品や環境を改良するための革新的なプロセスとして位置づけられます。たとえばインターネットは、アメリカで一九五〇年代に軍事や教育目的で開発されました。このインターネットの変遷、革新のプロセスを示したグラフをみると、当初の普及スピードは遅々たるものでしたが、一九八五年以降、世界規模で利用が急増しました。テイクオフポイントです。新しいアイデアや製品を導入するとき、採用には相当時間がかかることがあります。しかし、一度テイクオフポイントを迎えると急激に普及しはじめます。

高齢化社会を迎えるなか、ユニバーサルデザインはいま、テイクオフポイントの前段階に入っているのではないでしょうか。もちろん、テイクオフポイントを迎える速度は業界によって違います。急激に進むものがある一方、ゆっくりと普及するものもあるでしょう。革新のプロセスは非常に複雑ですが、市場での勝敗を決するのはこれにほかなりません。

そして第四に、人々の考え方や態度を変える力をもっています。誰もが若いときには元気でも、加齢とともに身体機能が低下します。ユニバーサルデザインは、こうした自然の摂理を前提としています。ユニバーサルデザインを理解することは、障害をもつ身となる他人や自分自身を思いやることにつながるのです。

以上の四点を踏まえ、ここでユニバーサルデザインの事例をご紹介します。

■障害の有無にかかわらず等しく機能する

まず、洗面台から説明します。アメリカのアクセシブルな浴室でよく見られる洗面台は、大抵好まれません。なぜかというと、下に収納スペースがないばかりか、配水管が丸見えだからです。

そこでわれわれは、収納スペースの扉を調整できるアダプタブルな洗面台を開発しました（図1）。特殊なヒンジにより、扉が一八〇度キャビネットと平行に開きます。扉がじゃまにならないため、車いすの利用者がぴったりと洗面台に体を寄せることができます。使い終わったら、扉を元に戻せばいいわけです。また、子供たちが踏み台として使えるように、キャビネットのベース部分が引き出せるようになっています。車いすでの接近の妨げになるのであれば、ベースを取り払うことも可能です。

また、洗面台の高さが調整可能であればいろいろな人に便利です。一般的に障害をもつ人々が洗面台を使うのは低い位置ですが、この製品は通常よりも低く設定できるだけでなく、高い位置にも設定できますから、背の高い人々にも便利です。

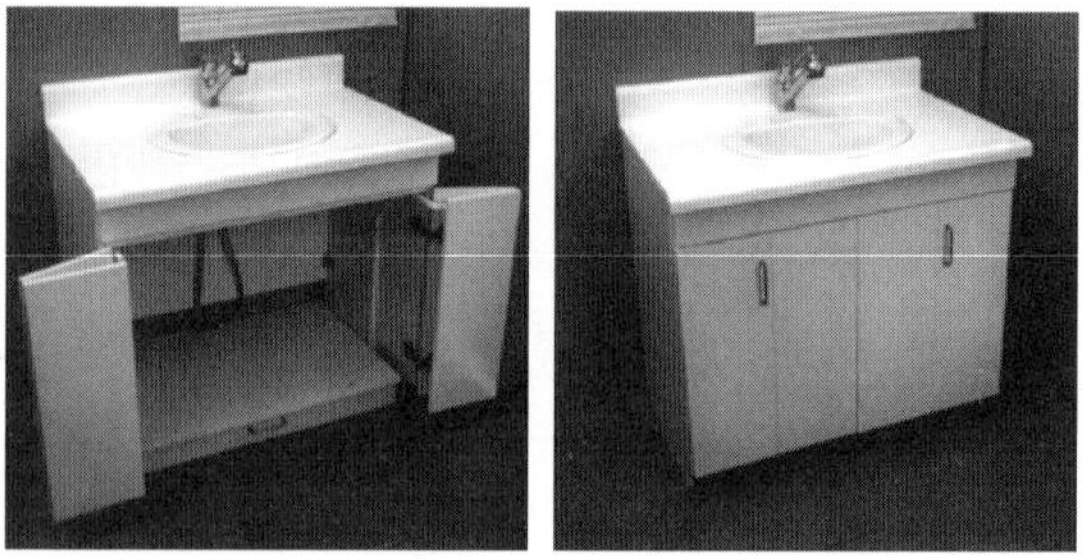

図1　アダプタブルな洗面台
特殊ヒンジで扉が一八〇度開く。キャビネットのベースは取り外しが可能。

この製品は、アメリカ人が好むデザインを保ちながら、さまざまな人々のニーズを満たす機能を提供しているといえます。

ただし、上下の調節ができるような技術にはコストもかかります。しかし設計やデザインと同じぐらい、コストと信頼性というものも重要です。

そこで私たちは、キャビネットを上下させる機構を別の会社でつくることにしました。ある会社で上下機構を専門的に製造して、キャビネットのメーカーにそれを販売するという方法をとったのです。アメリカのキャビネットメーカーは、大体が非常に大きな企業です。大企業になると一つの機構をつくるために、相当投資をしなければいけない。さらに、今までのキャビネットメーカーの技術はどちらかというと木材ベースで、金属とか電気的なシステムには全く関係なかったため、開発には大きなリスクがありました。

そこで、小さい会社が大手のキャビネットメーカーに対して、サプライヤーとしてこの機構を販売する方法をとりました。小さい会社も助かるし、キャビネットメーカーも非常にリスクの少ない形でその機構を買うことができるようにしたのです。

なお上下機構については、コストの安い手動型の開発も考えています。その際、たとえば手動式で開閉する自動車の窓など、他分野の技術を応用することも必要だと思います。

■美しさを兼ね備える

図2の包丁は、スウェーデンのグスターバー社が一九七〇年代にリューマチの患者向けに製品化した包丁(図2)で、いわゆるアシスティブ・テクノロジー(補助機器)と呼ばれる分野に属します。アメリカでは、リハビリの専門家向けのカタログ販売製品で二七ドルします。通販なので、購入前に手に取ってみることができません。

図3は、一九八〇年代末にアメリカの家庭用品メーカー、オクソ社が開発した野菜の皮むき器で、グッドグリップ(図3)と呼ばれています。家庭用品コーナーで普通に売られており、値段は五ドル。日本でも入手可能です。ゴム製の大きなグリップで、親指があたる部分に加工が施してあり、持ちやすく滑らないのが特徴です。

二つの製品を比べた場合、機能的には、グスターバー社の方が優れています。手首を曲げずに使えるので、リューマチを患っている人にとってはもちろん、誰にとっても使いやすい製品です。

一方、グッドグリップは、手首を曲げなければ使えません。疾患がある場

図2　グスターバー社(スウェーデン)の包丁
手首に疾患のあるユーザーのために開発された補助器具(アシスティブ・テクノロジー)。通信販売でのみ入手できる。

合、手首の負担と痛みを伴います。しかし、アメリカの市場で成功を収めているのはオクソの方です。

この第一の理由は、グスターバー社の製品デザインに違和感があること。第二の理由はマーケティングです。オクソ社は店頭での実演販売を行い、口コミで販売を増やしました。手にとって試すことは、ユーザーにとって重要な購入ファクターです。いまのところ、グッドグリップはユニバーサルデザインのなかでもっとも成功した製品事例となっています。

このように、ユニバーサルデザインで成功するには、いろいろな要素が問われるわけです。

■製品や環境を改良するための革新的なプロセス

一般にインターホンは、居間にいながら訪問客がわかるため、特に高齢者にとって便利な製品です。ところが、つい最近、テレビにインターホンの機能をもたせた製品が登場しました。

新たにチャンネルやスピーカーを付加しなければ使えないのですが、高齢者にとってはこちらの方が使い慣れているので、私はアメリカではテレビ型の方が普及すると考えています。

図3　オクソ社（アメリカ）のグッドグリップ
ゴム製の大きな握りが特徴。親指部分に滑り止めのヒレ加工がある。家庭用品の売り場で入手できる。（OXO International）

つまり従来のインターホンを改良したのではなく、ユーザーが使い慣れているテレビにインターホンの機能をもたせたことが重要です。革新的であり、かつ従来のユーザーの暮らし方や考え方に合っていることが大切なのです。

■人々の考え方や態度を変える

ユニバーサルデザインが大切なことは、人の考えや態度を変えることです。その好例としてバスがあげられます。車いす用のバスとして、リフト付のバス(図4)があります。この場合、車いすの利用者を昇降させるのに時間がかかるため、他の乗客はイライラしながらバスの発車を待たねばなりません。また、リフトの恩恵を受けられるのは、車いすの利用者だけで、少々足が不自由な程度の人は、ステップを使わねばなりません。

一方、ニーリングバス(ノンステップバス)(図5)は、車体が地面から6インチ(一五センチ)の高さまで沈むため、車いすの利用者や足の不自由な人、ベビーカーを押している母親たちでも、楽々と時間をかけずに乗り降りできます。乗客のイライラも解消され、社会の調和が保たれます。

人の考え方や態度を変えるデザインとは、こういうことなのです。障害をもつ人々がそうでない人々と同じように乗れると、そこから差別的な考えや

図4　リフト付バス
車いすの乗客が特別扱いされる。

図5　ニーリングバス
車いすの利用者をはじめ、足の不自由な人やベビーカーを押す母親たちも楽々乗車できる。

態度が生まれることはありません。障害をもつ人々とそうでない人々との社会的な距離が非常に近づくことになります。

なおニーリングバスについては、アメリカの会社にはいいものがなく、カナダで設計されたものがアメリカに輸入されています。

また、後で紹介するブラジルのクリティバの町のバスは、スウェーデンのボルボ社がつくっています。ボルボがクリティバの町に工場をつくり、今ではブラジルだけでなく、南米のいろいろな国にそのバスを輸出しています。

グローバル市場のなかで、ユニバーサルデザインが経済面にも影響を与えるいい事例だと思います。

■一日の生活を通してみるユニバーサルデザイン

ユニバーサルデザインを理解しやすくするために、一日の生活を通して説明したいと思います。一日という時間軸のなかでユニバーサルデザインをとらえることで、暮らしへの影響がよく理解できるからです。家族をはじめ、職場や公共の場での影響力もおわかりいただけるでしょう。

■朝、自宅にて

まずは朝七時、起床時間です。しゃべる目覚まし時計が、視覚と聴覚で時間を伝えてくれます。もともと視覚障害者向けに開発されたのですが、誰にとっても役立つ製品だと思います。特に目覚めが悪い人には、時計がしゃべり続けてくれるので効果的です。10、9、8といったぐあいにカウントダウンするような工夫を加えれば、さらに効果が上がることでしょう。

次は洗面です。ドイツのビルロイ・ボッシュ社製の洗面台（図6）は、手動レバーによって高さ調整を行います。アメリカ製のものはお湯の配管に断熱テープを巻いて処理することが多いのですが、この製品は配管を隠してきれいなデザインに仕上げています。また、イタリアのオペ社製の洗面台は、家族全員が使えるように設計されていて、いままで考えてもみなかった使い方ができます。斬新なデザインですが、高価です。

七時一五分、歯磨きの時間です。歯ブラシ（図7）の柄は握りやすい太さで、人間工学的な美しい曲線でできています。なにより、医療用途を思わせないきれいなデザインが魅力で、収集したくなるほどです。こんなデザインなら、子供も歯磨きを楽しむことができます。

歯磨きの後は朝食です。アメリカで人気のベーグルと呼ばれるパンは、二

図6　ビルロイ・ボッシュ社（ドイツ）の洗面台
手動レバーで高さ調整をおこなう。配管を隠したデザインが美しい。(Catalogue Photo)

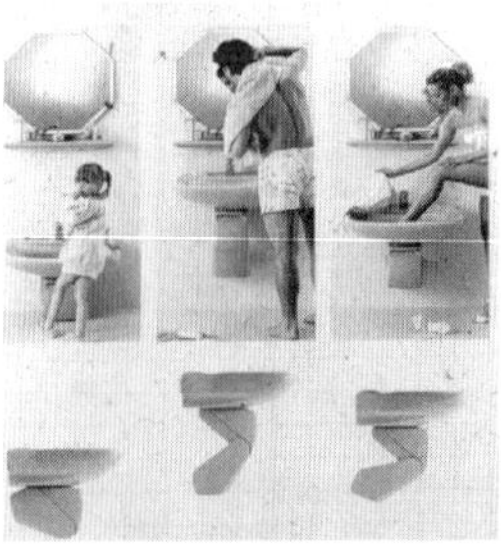

図7　歯ブラシ
人間工学的な曲線と楽しいデザインが魅力。(Catalogue Photo)

つに割ってサンドイッチにすることが多いのですが、硬くてドーナツのような形をしているため、ナイフを入れるのが一苦労で、ケガをする心配があります。そこで役立つのがベーグルスライサー(図8)です。ギロチン台のような形態で、内側の歯をおろして真二つに切ることができます。安全なので子供たちでも使えます。

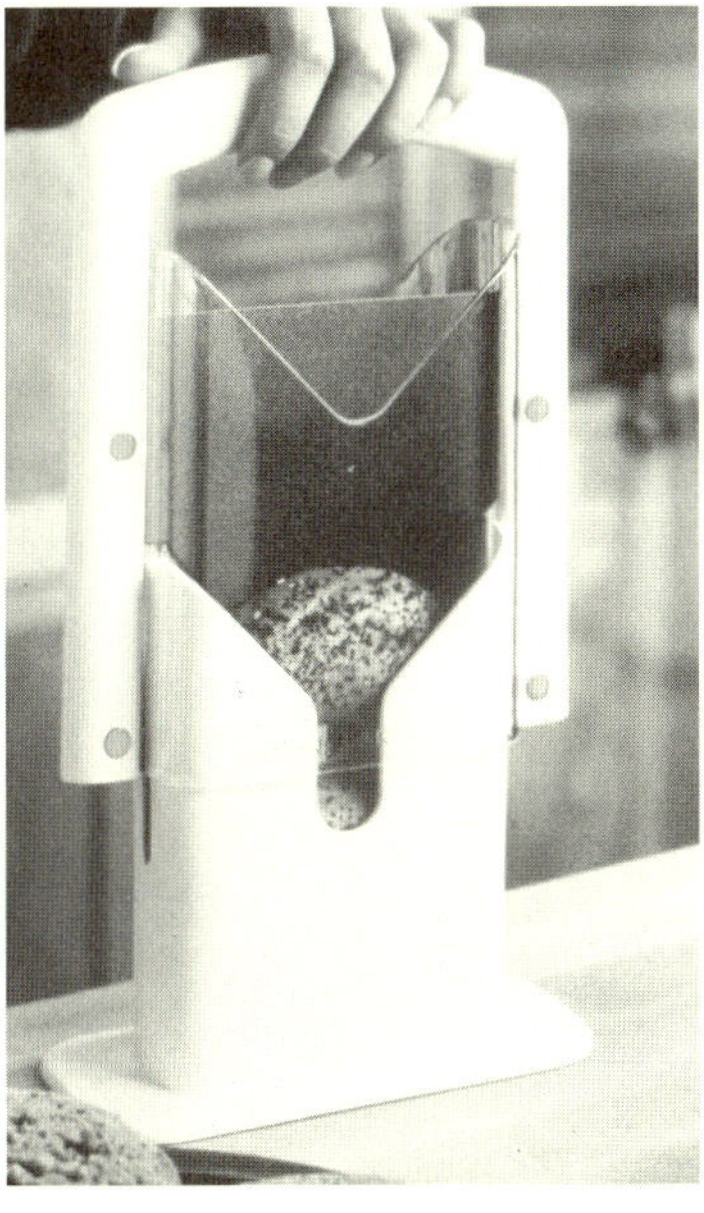

図8　ベーグルスライサー
安全性はユニバーサルデザインの重要な要素。子供でも固いベーグルを切ることができる。

■クリティバにある勤務先まで出勤

八時になりました。出勤の時間です。

ブラジルのクリティバという都市は、ユニバーサルデザインに配慮した都市づくりを行っています。ここでは、バストレイン(図9)と呼ばれるシステムが発達しています。二五〇〜三五〇名の乗客を収容できるうえ、レールが不要なため低コストな交通手段です。

バストレインの乗り換えは簡単です。スロープを使って別のプラットホームに行き、そこから直接別の車両に乗車します。違う線に乗り換える場合も切符を買い換える必要はありません。また、プラットホームにはカラーコードが施されているため、一目で区別することができます。

市街地のターミナルは一体成型の構造で、断面で見るとチューブ型になっています。プラットホームにはホームドアが設置されており、電車が乗車位置に到着したときのみ開きます。またホームには、エレベーターが設置されています。

バストレインは、アクセシブルで効率がよく、低コストなうえに環境にやさしいことで知られています。

八時三〇分になりました。クリティバは人口一七〇万人の都市ですが、交通渋滞が少なく移動がスムーズです。クリティバの都市計画の主眼のひとつは、便利な公共交通システムでした。これにより、自動車の利用台数の削減を目指したのです。狙いは的中し、現在、公共交通を使う人々は一五〇万人にものぼっています。

街の中心には、道路を交差する巨大なスロープ（図10）が美しい円弧を描いています。

これはブラジルの建築家、オスカー・ニーマイヤーの設計です。スロープであっても都市景観に調和する見事な建築物になりうることを証明してくれています。

図9　バストレインとプラットホーム
アクセシブルで効率がよく、低コストなうえに環境にやさしい大量輸送手段。（URBS）

■職場となる神経科学研究所に到着

職場となるのは、カリフォルニア州サンディエゴの医療センター内にある神経科学研究所(図11)です。緑豊かな丘陵地で環境に恵まれているのですが、以前は医療施設や駐車場へ行き来するのに、急なアップダウンを越えなければなりませんでした。途中には交通量の多い道路も通っています。

そこで、研究所を設計したアメリカのウィリアムズ・アンド・シエン設計事務所は、研究所の屋根に歩道を通すことでこの問題を解決しました。屋根を利用することで起伏には影響を受けない平坦なルートを確保しています。このルートは、さらに道路の下のトンネルを抜けて他の施設にも通じています。

屋根を歩いてもらうので下の研究所が覗かれる心配がなく、研究員のプライバシーが保護できます。屋根から地面へは、美しいループ状のスロー

図10　巨大なスロープ
ユニバーサルデザインが美しい都市景観となることの証明。設計はオスカー・ニーマイヤー。

図11　サンディエゴの神経科学研究所
屋根に設けられた平坦なルートから駐車場や他の施設にアクセスする。(American Architecture Journal)

プまたは階段で降り、途中、カリフォルニアのセントラルバレーの眺望を楽しむことができます。

近くにはルイス・カーン設計によるソーク研究所がありますが、ソーク研究所は修道院のように研究者を隔離するような建物です。反対に、神経科学研究所は、建物と環境との調和が図られていて、対照的だと思います。

■仕事を始める

仕事が始まると、まず留守番電話のメッセージを確認します。ボタンが大きい電話機であれば、視覚障害者や高齢者はもちろん、すべての人々にとっても使いやすくなります。

神経科学研究所の中にはホール（図12）もあります。ここは、もともとは学術目的のためにつくられましたが、建築家とクライアントは、ここをいろいろな芸術の発表などに使うことが科学者たちへの刺激になると考えました。そこで、視覚芸術のパフォーマンス用に、音響や照明に配慮した設計を行っています。舞台へのスロープの途中にはラウンジがあり、発表者がリラックスしたり、準備をしたりするのに快適な環境となっています。

そろそろコーヒーブレイクの時間です。使うのはG・Oカップ（ゴーカッ

図12　神経科学研究所内のホール
科学者の創造性を刺激する舞台芸術が催される。（American Architecture Journal）

プ）（図13）という製品です。リサイクルの素材でできており、ストライプのデザインの部分に耐熱処理が施されています。ここを持てば火傷をすることはありません。ただし、販売機はまだユニバーサルなものがありません。研究開発に取り組んでもらいたい分野です。

■ライトハウスへ出張する

さて、ニューヨークに出張することになりました。訪問先はライトハウスという視覚障害をもつ人々向けの訓練や研究を行う機関です。一九九〇年代の後半、ユニバーサルデザインに基づいて建物の全面改装を行いました。

　エントランスは路上から奥まったところにあり、手前の柱は、視覚障害をもつ人々の目印としても機能しています。また、出入りする人々がぶつからないよう、入口と出口（図14）でドアを区別しています。

　エントランスホールには触地図（図15）が用意

図13　ゴーカップ
リサイクル素材でできており、ストライプのデザイン部分に耐熱処理がされている。（Universal Designers & Consultants Inc.）

され、記号でオフィス等へのルートをたどれるようになっています。床は自分の位置が確認できるよう、エレベーターホールといった場所ごとにパターン化されています。パターン化は施設のレイアウトにも及んでおり、どこの階にいても迷うことがないように設計されています。

建物内のサインは、書体が大きく、コントラストがはっきりとしたもので、ライトハウスのために開発されたサインシステムです。丸が女性用トイレ、三角が男性用トイレ（図16）といったぐあいに、形態で見分けることもできます。点字の部分のプレートは触りやすいように45度の角度がついており、そのプレート内にはトーキングサイン、いわゆる音声ガイドのスピーカーが組み込まれています。利用者が携帯するリモコンの赤外線を察知して音声を発する仕組みです。

図14　ライトハウスのエントランス
出入りする人々がぶつからないよう、入口と出口でドアを区別している。（Universal Designers & Consultants Inc.）

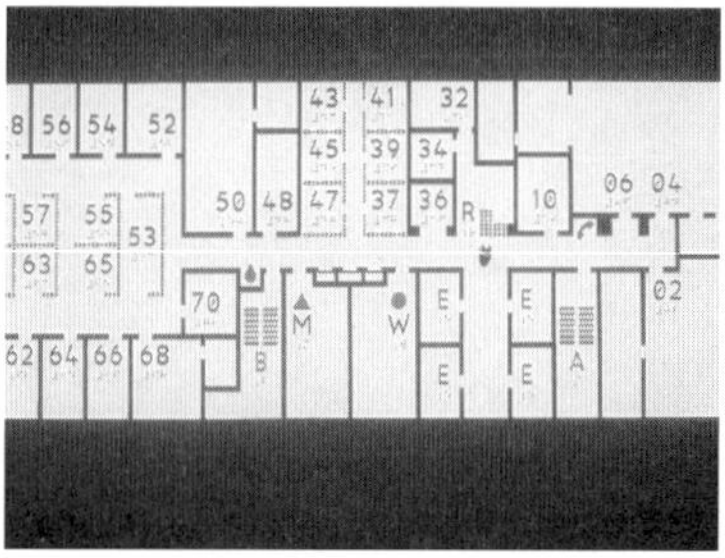

図15　エントランスホールの触地図
階段やオフィスなどを凸記号で表示し、触覚で行き先をたどれるように配慮。（Universal Designers & Consultants Inc.）

図16　サインシステム
文字のコントラストやサインの形態、点字、音声ガイドといった複数の伝達手段を備える。（Universal Designers & Consultants Inc.）

このサインシステムは、身体能力にかかわらずすべての人々が使いやすいものの好例といえます。

■アフターファイブを楽しむ

仕事はこの辺で切り上げて、アフターファイブを楽しみましょう。まずはサンフランシスコでフェリーに乗ります。船着場（図17）には、フェリーの乗船口に合わせて、前後・上下に可動するスロープが設置されています。

次は買い物です。マイアミビーチにあるショッピングセンター（図18）は、古い建物を改装し連結することにより、快適で移動しやすい空間を実現しています。歩道はフラットで車と買い物客の動線を上手に区別しています。

さて、レジでお金を払います。手元にはブラジルの紙幣（図19）がありますが、区別しやす

いようにカラーコードが施されています。ブラジルには字を読めない人々が少なくないため、このシステムを導入したようです。ただ、ユニバーサルデザインの観点からいえば、色調差をつけるなど、もう少し工夫が欲しいと思います。また、同じ位置に金額が配置されていますが、紙幣ごとに数字の大きさや位置を変えたほうが識別しやすいでしょう。

カナダでは触感で紙幣がわかるシステムを採用しています。視覚障害をも

図17　サンフランシスコのフェリー　船着場には、潮の満ち引きや船の高さに合わせて上下に可動するスロープが設置されている。

図18　マイアミのショッピングセンター　買い物客の安全を優先。歩道には段差がなく、車道との動線が上手に区別されている。

図19　ブラジルの紙幣　字が読めない人々のため、色で識別するカラーコードが施されている。

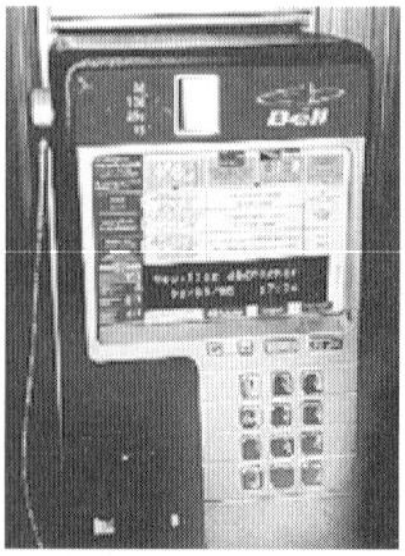

図20　カナダの公衆電話　英語とフランス語の使用方法を表示できる。テレホンカードの挿入口が黄色でわかりやすい。

つ人々だけでなく、字の読めない人や外国人観光客にもわかります。紙幣については、各国でさらなる改良を加えるべきです。

支払いでいえば、クレジットカードも改良が必要です。いまは、ほとんど同じように見えます。これからは、現金からクレジットカードへのシフトが進むと思いますが、その場合はカードの種類、キャッシュディスペンサーなどにも、工夫が必要です。

外出先で自宅に電話をかけることになりました。これはカナダの公衆電話（図20）ですが、日本のものともよく似ているのではないでしょうか。使用方法がデジタル表示されますが、ボタンでフランス語と英語を切り替えられます。テレホンカードも使え、差込口部分が黄色になっています。

カード式の公衆電話がコインよりも便利なのはいうまでもないのですが、アメリカでは

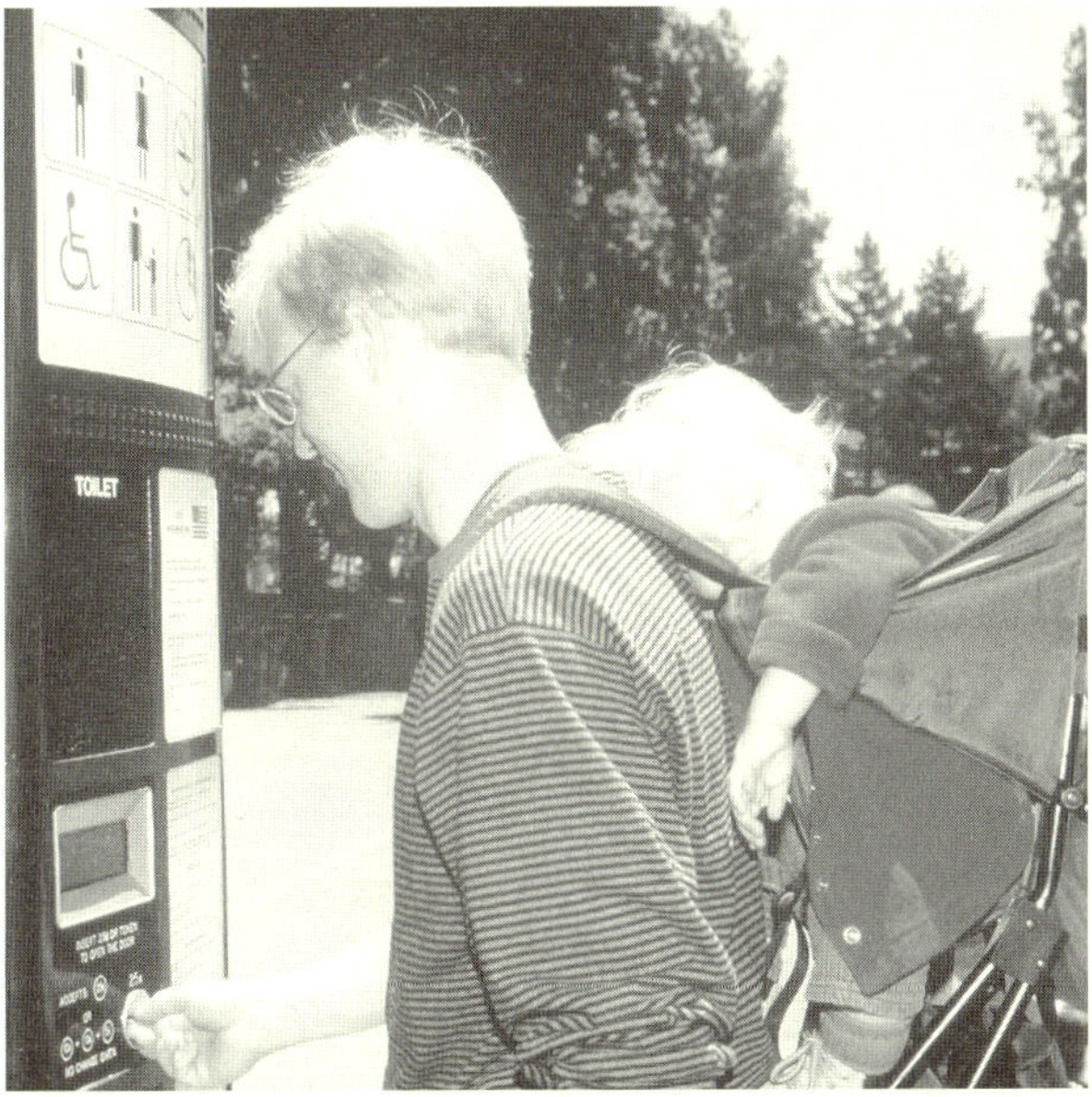

図21 サンフランシスコの有料トイレ 複数の言語で使用方法を表示。親子連れや介護者も一緒に入れる広さ。

残念ながらあまり普及していません。

　トイレに行きたくなりました。サンフランシスコで見られるアクセシブルな有料公衆トイレ（図21）は、コインの挿入口に観光者向けのいくつかの言葉と点字による使用方法が記されています。内部は車いすの利用者ばかりでなく、親と子、高齢者と介護者も一緒に入ることができる広さです。手洗いが自動なのはもちろん、利用するたびに床面が自動洗浄される仕組みになっています。

■美術館に出かける

　次は美術館に行ってみましょう。行く前にまず、美術館の情報を入手しなければなりません。場所はどこにあるのか、アクセシブルな出入口はあるのか、レストランやショップは完備しているのか、など。

　ワシントンＤＣのスミソニアンは、モールと呼ばれる広場を中心に、航空宇宙博物館や自然史博物館、アメリカ史博物館、ハッシュホーン美術館といった九つのミュージアムで構成されています。ここでは、訪問者のための十分な情報提供をインターネットで行っています。特に障害をもつ人々にとって、安全かつ効率的なルートの確保のために事前情報は欠かせないからです。

図22　サンタフェの美術館　スロープに展示空間やラウンジを設けるなどして、複数の機能をもたせている。

図23　ストックホルムの高齢者施設　階層ごとに異なる施設機能を持つ。食堂を一般に開放し、地域の人々との交流を深めている。

これからは、こうした情報通信システムへの依存がますます高まるでしょう。

次に、ニューヨークのグッゲンハイム現代美術館を訪れます。フランク・ロイド・ライトの設計で、回廊自体が緩やかなスロープになっています。利用者はエレベーターで最上階に行き、スロープを下りながら作品を鑑賞できる設計です。

こちらはニューメキシコ州サンタフェの美術館（図22）です。ここのスロープの使い方もじょうずです。彫刻を展示したり、途中にちょっとしたラウンジを設けたりして空間に変化をもたせています。反対側にあるスロープを安全に導く壁面も、展示の空間作りに役立っています。

■高齢者施設の両親を訪ねる

さて、高齢者施設に、両親を訪ねることにします。スウェーデンのストックホルムにある高齢者施設（図23）は、階層ごとに異なる施設機能をもっています。一階は福祉施設で、食堂は地域にも開放されています。絵画や工芸を楽しむ部屋は、作業療法と空間を共用（図24）しています。病院やリハビリ施設と違い、家庭的な環境で趣味や訓練に励むことができるわけです。

図24　工作室　趣味の空間と作業療法の場が共用されている。

二階と三階は長期療養施設で看護サービスが提供されます。また四階と五階は自立した高齢者向けのアパートで、キッチンなどが完備しています。

ここは人口密度が高い地域のため、このように空間効率や近所との交流にも配慮した構成になっています。特に、子供たちとの交流は高齢者にとってなによりの楽しみのようです。

さて、両親を伴って散歩に出かけましょう。ちょっと休憩するのにベンチが必要です。

座面が高く、前に傾斜しているベンチ(図25)は、立ち居動作が楽です。握りやすいパイプも体重を支えるのに便利です。このベンチにはいくつかのバリエーションがあり、二人連れや複数の家族でも使えるようになっています。

また公園には、キャンプ場(図26)があります。ここでは、車いすの利用者でもテントを利用できます。丸太を組んだ部分に足を移動し、そのままテ

図25 公園のベンチ
座面が高く、前に傾斜しているため立ち居動作が楽。パイプは体重を支えるのに便利。(Universal Designers & Consultants Inc.)

図26 キャンプ場
車いすの利用者がテントを使えるように丸太を配置。自然の景観を損ねないデザイン。(Universal Designers & Consultants Inc.)

ントに入るわけです。丸太は、ベンチ代わりにもなっています。

公園を散歩していると、前方から犬を連れたお年寄りが来ました。ペットは精神衛生上、高齢者に大変よい影響を与えることが知られています。配偶者に先立たれても、ペットがいるおかげで健康を維持できている人もいるそうです。

最近は大切なペットにも高齢化対策がなされているのをご存知でしょうか。ペット用のカタログでは、年老いた犬が首を曲げなくても食べ

図27　障害をもつ犬
補助器具は人間のものだけではない。飼い主の思いやりが伝わる。

られる食器を見つけました。また、交通事故などで障害を負った犬のための補助器具（図27）も、ニューヨーク州バッファローの海岸で見かけたことがあります。

■キッチンで食事の支度

帰宅後、夕食の時間になりました。このキッチン（図28）には、さまざまなユニバーサルデザインの装備が施されています。

高さ調整ができる流し台をはじめ、カウンター、冷蔵庫、食器洗い機、キャビネットが効率的な動線に沿って配置されています。カウンタートップが高めなので物を書いたり食材を置くのに便利です。また冷蔵庫は、ダブルドアで食品の出入れが楽にできるのはもちろん、ドアを開けずに氷や水を取り出せる工夫があります。

食器洗い機は通常よりも高めで、楽な姿勢で操作できます。洗い終わった食器は専用カートで移動します。キャビネットの戸棚は、なかの食器が一目でわかるガラス扉で、キャビネットテーブルを照らすのは専用の照明です。上段の戸棚はイージーシェルフと呼ばれ、ハンドル部分をつかんで手で楽に引き下げることができ、下段には引き出し式の棚が収納されてい

図28　ユニバーサルデザインキッチン　キャビネットの高さ調整や可動性、動線の効率、食器の視認性など、さまざまなユニバーサルデザインの要素をもつ。（GE Appliances）

ます。食材や物を置いたり、子供が踏み台としても使えるような仕組みです。

食事の後は入浴です。このバスタブは、前部のドアから入り、高速の給湯システムを使ってお湯をためる仕組みです（図29）。自分が望む水温を設定して、ハイスピードでお湯を入れることができます。入浴後はお湯を流して外に出ます。出入りが楽なことがポイントです。一方で、日本のようにお湯をためて使う方法もあるのではと思います。ただし量産されていないので、価格が高いのが欠点です。

風呂上がりに、体重を量ってみましょう。この体重計（図30）は目盛りの位置が高いので、近眼の人でも不自由なく読み取ることができます。

次にトイレです。これはプロトタイプ（図31）です。トイレでは、照明スイッチや警備システムにも、わかりやすく操作しやすい配慮が欠かせません。夜間、トイレに行くときは、

図29 ドア式のバスタブ
ドアから入り、高速で給湯する。(Catalogue)

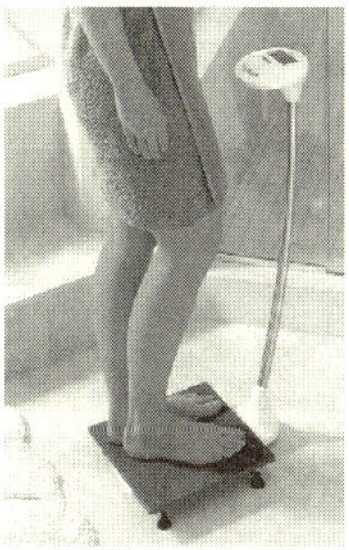

図30 体重計
目盛りの位置が高いので見やすい。(Catalogue)

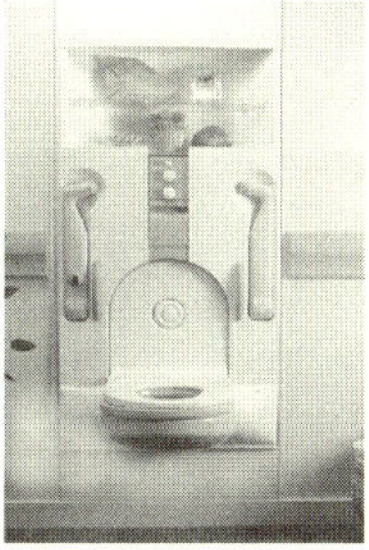

図31 トイレのプロトタイプ
便器、ボタン、手すり、棚が一体化したデザイン。(Design Continuum, Boston, Massachusetts)

照明スイッチ自体に照明が組み込まれていると助かります。

一つ一つの機能を個別に取り付けることができるのが利点なのですが、最初から統合されたものなら、より安く製造できるかもしれません。日本にもハイテクタイプのトイレがありますが、手すりなど、後から付け足したような印象を与えます。また、操作自体がよくわからなくて恐いものもあります。操作パネルなど電子的なところを全部隠したら、少しは不安が解消されるかもしれません。それからモジュール式にして、徐々にいろいろな機能をつけるようにできれば、たとえば非常に馴染みやすいシートウォーマーを取り入れることから始められるかもしれません。

最後に、未来の住宅についてご紹介しましょう。レム・コールハースという建築家が車いすのクライアントのために設計した三階建て住宅（図32）です。ここでは、エレベーターによりオフィスそのものが一～三階を上

図32　三階建て住宅
オフィス自体が上下する。設計はレム・コールハース。(Global Architecture)

下します。移動の際には、安全用のガードレールが自動的に立ち上がります。

以上のように、ユニバーサルデザインは、日常生活、さらに長い人生を通してすべての人々に役立つデザインなのです。

第四章

● 外山　義

● 建築環境とユニバーサルデザイン——ユーザー視点の施設づくり

■究極のユニバーサルデザイン

スウェーデン社会は、私が研究留学をしていた一九八〇年代に、施設ケアから在宅ケアへと高齢者ケアの軸足を移す努力を続けていました。

二四時間巡回型のホームヘルプサービスの普及や訪問看護サービスの導入、さらには緊急アラーム対応システム等によって、かつては施設に入院入所を余儀なくされていた高齢者の多くが、住み慣れた住まいや地域の中で居住継続ができるようになりました。日本にもよく知られている社会サービス法が一九八二年から施行されたことが、こうした改革の拠り所でしたが、もうひとつこの変革を可能にしていた条件があります。

それは、社会サービス法に先だって一九七七年から効力を発した、いわゆるバリアフリー条項です。この法律によって、それ以後建設された住宅は公的、民間を問わずすべて車いすでアクセスできるようになっていたことが、その後の住宅ケアの展開を大いに助けました。文字通り、「福祉の基礎は住宅」を証明するような出来事でした。

とはいえ、すべての高齢者が住み慣れた住宅で人生を閉じられるわけではありません。当時、高齢者施設へと入院・入所する人の割合は、八五歳を境に大きく増加し、九〇歳以上ではその過半が施設で生活を送っていました。

そうした高齢者の入院、入所先としては、住宅政策、福祉政策、医療政策にそれぞれの起源をもつ三種類の高齢者施設（サービスハウス、老人ホーム、ロカーラシュクへム）がありました。

これらの居住形態は、いわば住宅と施設が利用者のニーズに対応して互いに歩み寄ってきた結果登場してきました。いずれにしろ疾病や障害があろうと痴呆症があろうと、そこが長期の生活の場であるという考えに基づき、居室に関してはすべて個室が原則になっていました。これらに一九八五年から全国規模で急速に普及しつつあった痴呆性高齢者向けのグループホームが加わり、合わせて四種類の高齢者施設が全国の基礎自治体（コムーン）ごとに整備されました。これらは、職員配置、入居者の状態像、運営費等が少しずつ異なり、行政管轄も異なっていました。

ところが、一九九二年に高齢者ケア改革（エーデル改革）が導入されると、これらの四種類の高齢者施設はすべて「介護付き住居」としてコムーンの管轄下におかれ、運営上一本化されます。これは実に目から鱗が落ちるような改革でした。これによって、利用者の状態の変化にかかわらず、住み慣れた住居で、適時に必要なサービスを受けられるようになり、利用費の支払いも、家賃相当分、ケア代、食費という極めてシンプルな構造に統一することが可能になりました。私は、これこそがわが国でも介護保険導入後の第二、第三ステージで目指すべきモデルであると信じて疑いません。これこそが究極のユニバーサルデザインではないでしょうか。

■環境と人間は相互浸透的な関係

環境にはいろいろな定義があります。私は、主に物理的環境（構築環境・自然環境）、社会環境を考えています。

この世界を人間―環境系でとらえてみますと、人間と環境が互いに影響を与え合っているわけですが、どちらの側の力をより強力と見るかでいくつかの立場に分かれます。

私は、環境と人間がリシプロカル（双方向的）に影響し合っていると思っています。この考えをもっと推し進めますと、どこまでが自分の身体あるいは自分自身で、どこからが環境か、その境界がはっきりしなくなります。このような考え方を「トランス・アクショナリズム」（相互浸透論）といいます。

たとえば、「障害」という言葉を例にとると、「あの人は手が悪い」とか、「この人は足が悪い」というように、障害が単純に人間の側の属性として扱われることが多い。

しかし、障害とはそのような単純なものではありません。小さな女の子が、喉が渇いて、蛇口に手を伸ばそうとしても手が届かない。そこに踏み台があればその子は水が飲めます。この場合、障害は女の子の属性ではなく、環境の側にあります。

ユニバーサルデザインの考え方はこれです。踏み台があれば大人も子どもも水が飲める。つまり、環境の側をくふうして、多くの人が不自由なく環境を利用することができるようにするのがユニバーサルデザインです。しかし、環境と人間の関係はすっぱり線を引けるほど単純ではない。

■環境デザインは人を生き生きとさせること

一般に「ハンディキャップ」という言葉は、現実に人がこうむる不利・不便を意味します。「社会的不利」と訳されます。

ゴルフのハンディキャップは、うますぎるプレイヤーに不利な条件をわざわざ与えているわけです。ゴルフでは、皆、それを自慢し合っていますが、ハンディキャップというのは、社会がある人々に恣意的に与えている条件、ともいえるわけです。水飲み場の例では、身長一〇〇センチメートル以上の人に利益を与え、それ以下の子どもや車いすの人などにはハンディキャップを与えていることになります。

日本語で「障害」という場合、三つの意味が混ざり合っています。WHO（世界保健機構）、国連の定義によると、障害にはインペアメント、ディスアビリティ、ハンディキャップの三つの層があります。

インペアメントとは、疾患などによってもたらされる手や脚の機能的な欠損です。ディスアビリティは、それによって遂行できなくなる能力をいい、それが引き金となって起こる社会的・環境的な不利がさきほどのハンディキャップです。たとえば、脳血管障害で手の筋肉がマヒすることがインペアメント、それによって手の可動域が小さくなるのがディスアビリティ、そのことで文字が書けないというのがハンディキャップです。

ハンディキャップは、一人の人間と、その人間を取り巻いている人的・物的環境の関係によって決まります。たとえば、上の例でいえば、文字が書けない人が、何らかの特殊なペンや物を書くための補助器具、あるいはトレーニングによって、文字を書くことができるようになります。人と環境の関係は、常にあいまいで相互浸透的です。

長野五輪のパラリンピックで、開会式を盛り上げたスウェーデンの歌手、レーナ・マリア・ヨハンソンさんは、両腕がなく、足も片方がひざ下ぐらいの長さです。彼女は、「スウェーデンの環境のなかで育ち、自分自身はまったくハンディキャップを持っていない」と言い切っています。彼女は、足の指で口紅をつけ、電話は首に挟んで話をします。車の運転もしますし、料理もします。

私も家族とレーナさんとお会いして、子ども達もすっかりレーナさんと親しくなって、半日くらいいっしょに過ごしたことがあります。さあ、帰ろうというとき、子ども達はごく自然に握手をしようとして手を出したんです。レーナさんには手がないのに。そのくらいレーナさんの日常生活は当たり前のことのように感じられるのです。

私がめざす環境デザインとは、一人ひとりの身体と環境の境にある線を引き直して、個々人が持ち合わせている心と体の潜在力を引き出し、生き生きとさせることです。

■三〇年間、六人部屋で過ごした入居者

大学で建築を教えていると、建築系雑誌を賑わせているファッショナブルな建築に、学生が強く影響されているのを感じます。人間の心や体から〝分

断〟された建築デザインが、世の中を支配しているような気がしてなりません。

私にとってのデザインとは、使い手と空間がセットになり、それによって使い手が幸せになるデザインです。なるべくハンディキャップをなくしていくのは当然として、ハンディキャップを超えて、人間が環境とつきあうなかで幸福になってもらいたい。この目的はチャレンジャブルで無限に高いところにあります。本来、ユニバーサルデザインの目的もそれであろうと思います。それが高齢者施設のデザインで私が追求しているものです。

まず、基本的な考え方を共有していただくために、特別養護老人ホーム（特養）の個室をテーマにとりあげます。

自分のことに引き寄せて考えていただきたいのですが、皆さんは、自分が年老いて、身体が弱くなり、施設に入ったとき個室に入りたいですか。それとも四～六人の人とベッドを並べて生活したいと思いますか。想像力を働かせてください。これがいかに重要なテーマであるかはあとのほうで、だんだん理解してもらえると思います。

私は、これまで数多くの高齢者施設を調査してきました。その中で、特養は全国で三〇〇〇を超え、その約半数は五〇人規模です。

一九九七年度時点で、全施設を対象とした個室率はおよそ一割強。総室数に個室の占める割合が五割以上ある比較的個室化の進んでいる施設の割合でも、七パーセントにとどまっています。いちばん多いのは四床室で六割強。驚くべきことに六床室というのも約一割あります。

もっとも二〇〇二年度に新築が予定される特養の三割近くは全室個室で、残りの施設においても個室率は大きく上がっており、今後、高齢者施設の個室化は進んでいく見通しです。

私の研究室では、ここ数年、中部地方にある県立の特養の建て替え前後の調査研究を行っています。立て替え前の建物は、およそ三〇年前に建てられたもので六床室が中心です。入居者は一〇三人で、なかには開設当時に入所した八八歳の老婦人がおられた。彼女は六二歳で入ってから二六年間、六床室におられたわけです。

骨折や手術で、短期間入院するのであれば多床室でもいいでしょうし、出産の場合なら、ベテランのお母さんと初体験の女性が言葉をかけあう多床室は有益かもしれません。しかし、六二歳の女性が、六二年分の人生すべてを、六平方メートルちょっとの広さの空間に持ち込んで、毎日、さまざまな性格の六人の方と二六年間暮らすという現実には考えさせられるものがありました。

図1　人員規模別居室数
（一九九七年度全国老人ホーム基礎調査データより作成）

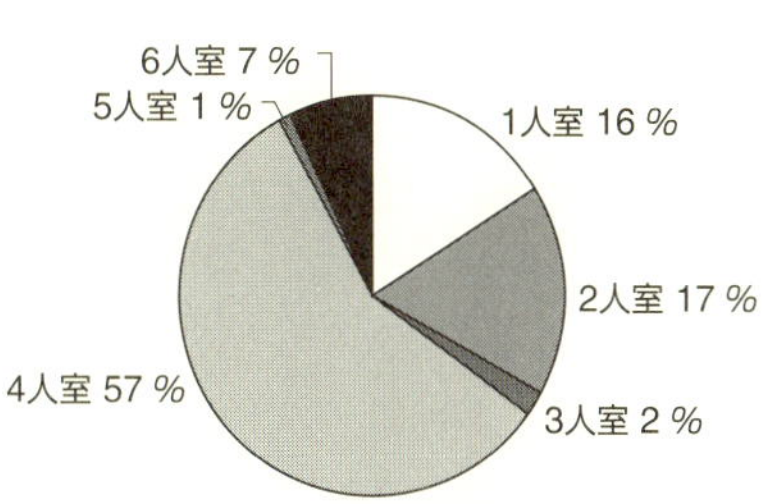

注）1人室の割合＝総1人室数÷総居室数として計算している

■人体洗浄される入居者

このような施設では、手を伸ばせば隣のベッドに届いてしまうようなところで、朝、目を覚ますと、一斉に広い食堂に連れ出されます。食堂への移動を介助するスタッフは少ないので、大急ぎでピストン輸送をすることになります。早く食堂に運ばれた人の中には待ちきれずに、テーブルをたたいている人もいます。

ところが、ようやくお盆が並べられると、あっと言う間に食べ終わって部屋に戻っていく。当たり前なことですが、入居者にとっては、集団生活につきもののタイムロスです。もちろん、一さじひとさじ口に入れてもらっている人もいれば、食事を拒否する方もいます。いずれにしても朝の食事から集団的・一律的なプログラムがはじまります。

空間的には、和風とも洋風ともつかない、巨大なホールがあって、はじめて入居される人は、圧倒されて、どう振る舞っていいか戸惑います。自分のこれまでの生活環境とはまったく異なる環境に放り込まれるわけです。元気な若い人ならいいのですが、高齢者は環境への適応能力が著しく落ちているから大変です。

お風呂も一定の時間内に入らなければならない。脱衣所と浴室がガラスで

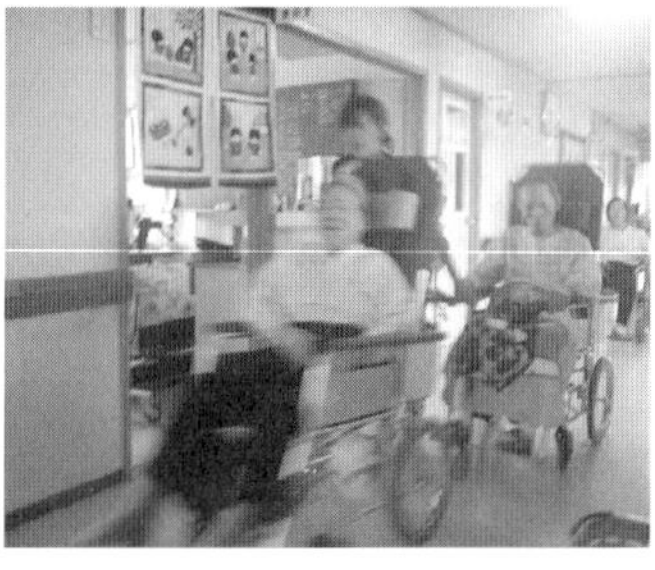

図2　車いすによって〃運搬〃される高齢者

仕切られて見通せる。介護する人には監視しやすいので便利ですが、入っている人は落ち着かない。そのうえ、「はい、次」「はい、次」というように、人から人へと渡されて、流れ作業のようなプロセスです。入浴というより「人体洗浄」というのが実感です。

こうした実態は、ごく一般的な高齢者施設の現状にも当てはまるもので、高齢化の進む他の国々の現状と比べても貧しいといわざるを得ません。

■高齢者施設はパオに見習え

日本の高齢者施設のレベルが、国際的に低い理由の一つは、それらが病院をモデルにしてつくられている点にあると思います。

私は、スウェーデンに留学する前、八年間病院建築の仕事に携わりました。医療施設の建築計画に際し、私の打ち合わせ相手は通常、院長、看護婦長、薬局長等の管理者でした。

病院長の中には、「僕は実は建築家になりたかった」という方が結構多い。とくにそういう方の場合は、病院の設計図が頭の中に比較的はっきり描かれている。どのように医療機械を配置し、どのように患者のベッドを並べ、各部屋の関係をどのようにすれば治療やケアがしやすいかという模式図がつく

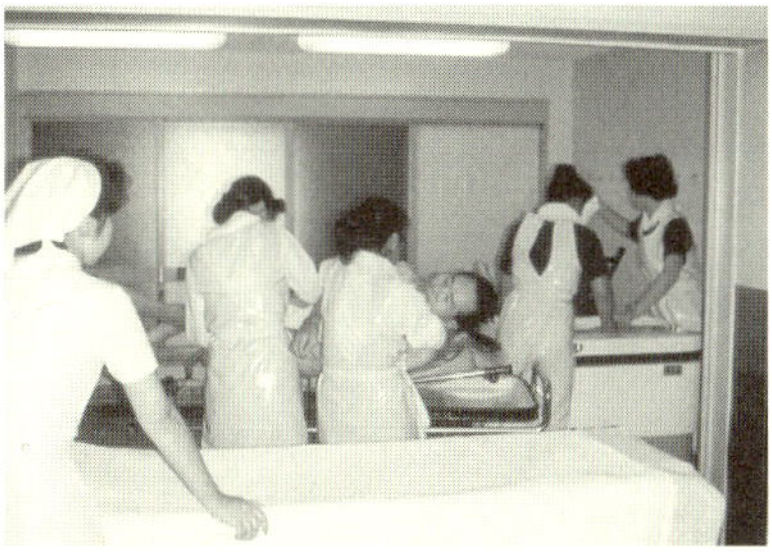

図3　人体洗浄のような入浴

られているわけです。

その模式図づくりをサポートする看護部長も、病院生え抜きですから、今までやってきた仕事の流れにしたがって病院建築をイメージしています。それ以外の考え方はしません。それ以外は間違っていると感じてしまう人もおられます。

そのようにして病院は計画され、建設されていきます。もちろん、経験のある建築家は、さまざまな提案をし、より合理的な、あるいは望ましい新たな試みを提言しますが、多くの場合、設計者は施主としての病院管理者たちの〝図面引き〟としての役割をなかなか超えることができません。特養などの高齢者施設も、この医療施設をモデルにしながら、管理者の視点から計画され、建設されてきたと言ってよいと思います。

では、住宅がつくられるときは、どうでしょうか。

住宅では、建築家は「住み手」と「つくり手」の間を橋渡しします。建築家が「住み手」をよりよく理解しようとするところから住宅建築ははじまります。

大昔の住宅は、「住み手」と「つくり手」が同じだった。今でもそういう住宅が残っています。私がいちばん美しい事例だと思うのは、モンゴルのパオです。草原の上に帽子のようなパオがちょこんと乗っている。

あのパオは、風になびく草原に、まず床になる毛皮を敷いて間取りをつくる。その上に家具を並べて、〝生活の中身〟を広げます。次に柱を立て、屋根をかけてでき上がる。二時間で組み立てることができます。

私たちが通常、建築で組み立てていく工程と違って、生活の中身が最初に設置され、それを包んでいくというやり方です。季節が移れば、それをまた二時間でたたんで違う場所に移動する。パオにしても何にしても、住宅はそこに住む人が主人公です。主人公の生活に合わせて建物がつくられる。では、病院の主人公は誰か。

もともと病院は、けがをしたり疾病を持った人が、できるだけよい医療を受けて、なるべく早く社会復帰をするところです。したがって主人公は患者

図4　モンゴルのパオ

のはずです。ところが、建築の計画から実現に至るプロセスのなかに、その主人公である患者は一度も登場しない。「患者さんのために」という言葉だけは頻出するのですが、患者の立場は、医者、看護婦長、事務長、薬局長によって代弁されているわけです。「本当に患者が願っていることが代弁されているのか」というのが、当時の私の疑問でした。

結局、「患者さんのために」といいながらも、医療、看護、経営の効率化を求めている。病院にしてみれば、「治療や看護がやりやすければ患者のためにもなる」という発想です。

一〜二週間で退院することができる急性期の医療施設であるなら、少々、環境が悪くても、食べ物がまずくても、生活のリズムが狂っても、がまんすることができるかもしれません。しかし、高齢期の慢性疾患などのように治らない病気であったりする場合にはまったく状況が違ってきます。まして〝生活施設〟である特養までも同様の発想でつくられ、二六年間もそこで暮らさざるを得ないというのはどういうことでしょうか。

主人公であるはずの高齢者や患者を中心にすえた計画や建設のプロセスがとられてこなかったことが、こうした施設の貧しさのいちばんの原因であると思います。

■元気な高齢者が見る影もなくなるとき

生活実態の調査で、多くの高齢者の生活を追跡していくと、さまざまな理由で、自宅から施設へと生活の場所を移さざるを得なくなった事例に出会います。

自宅でふつうに暮らしている高齢者の多くは、季節の行事や地域の習慣に従い、近所の人と当たり前なおつきあいをしながら、たとえ、狭く古くても住み慣れた家で一生を閉じたい、と思っています。

それができずに、自宅から施設に移られた方を訪ねますと、二～三週間の間に大きく変わっている場合が多い。個性豊かに、心身の障りと折り合いをつけながらも魅力的に暮らしていた高齢者が、施設に入ってしばらくすると、同一人物とは思えないくらい、見る影もなくなっていることがある。生命力がしぼんでしまっている。「どうして、あの鈴木さんがこういうふうになってしまうんだろう」と調査にお伺いして暗然としてしまいます。

高齢になってから、生活の拠点を施設に移す理由はいろいろです。たとえば、ご主人を介助している奥さんが病気で倒れ、ご主人が施設に入らざるを得ないというケース。あるいは、転倒・骨折して入院された方が、別の病気を併発し、入院期間が伸びて、そのまま慢性状態になり、病院から施設に移るというケースもあります。

施設の中で、生命力をしぼませながら暮らしておられる高齢者と、自宅で生き生きと頑張っておられる高齢者の差というのは紙一重なのです。配偶者が病気になったとか、ちょっところんでしまったとか、そのようなごく日常的な原因で生活が大きく変わってしまう。

私のスウェーデンでの研究の一つは、高齢者のリロケーション（生活拠点の変化）にともなう環境適応の問題に関するものでした。生活拠点が変わり、環境が変化したことが、高齢者にどのような影響を与えるのか、それに対し、高齢者はどのようにその環境変化に対処し乗り越えていこうとするのか、その適応過程について研究しました。

帰国してからは、その研究を基に、もっぱら高齢者の自宅での暮らしと、施設の中の暮らしの「落差」を追いかけてきました。この落差が大きければ、高齢者の心身を圧迫し、生命力をしぼませ、新たな疾病や痴呆症を現出させるリスクになります。施設側はこの落差を埋め、高齢者がこれまでの生き生きとした生活をできるだけ自然なかたちで再現できるような努力をしなければなりません。

図5　高齢者施設にありがちなホールのような通路

■施設から受け続ける空間的なストレス

自宅から施設へ移行するときに高齢者が直面する「落差」には、空間的落差、時間的落差、言葉の落差などさまざまなものがあります。まず、「空間的落差」について説明します。

数年前、秋田県に完成した特養を見学したときです。建物としては新しく、地元の方が見学に来られると、「きれいね」と感想を述べられる。しかし、私は背筋が寒くなりました。

というのは、たとえば、痴呆症専門の療養棟には、幅五メートルぐらいある、かなり広い「通路のようなホール」あるいは「ホールのような通路」があり、その両側に四床室がずらりと並んでいる。この「通路のようなホール」には、病院の待合室にありそうな味気ないいすが置いてあります。そのいすも、大きく寄りかかると後ろに転倒しそうなほど心

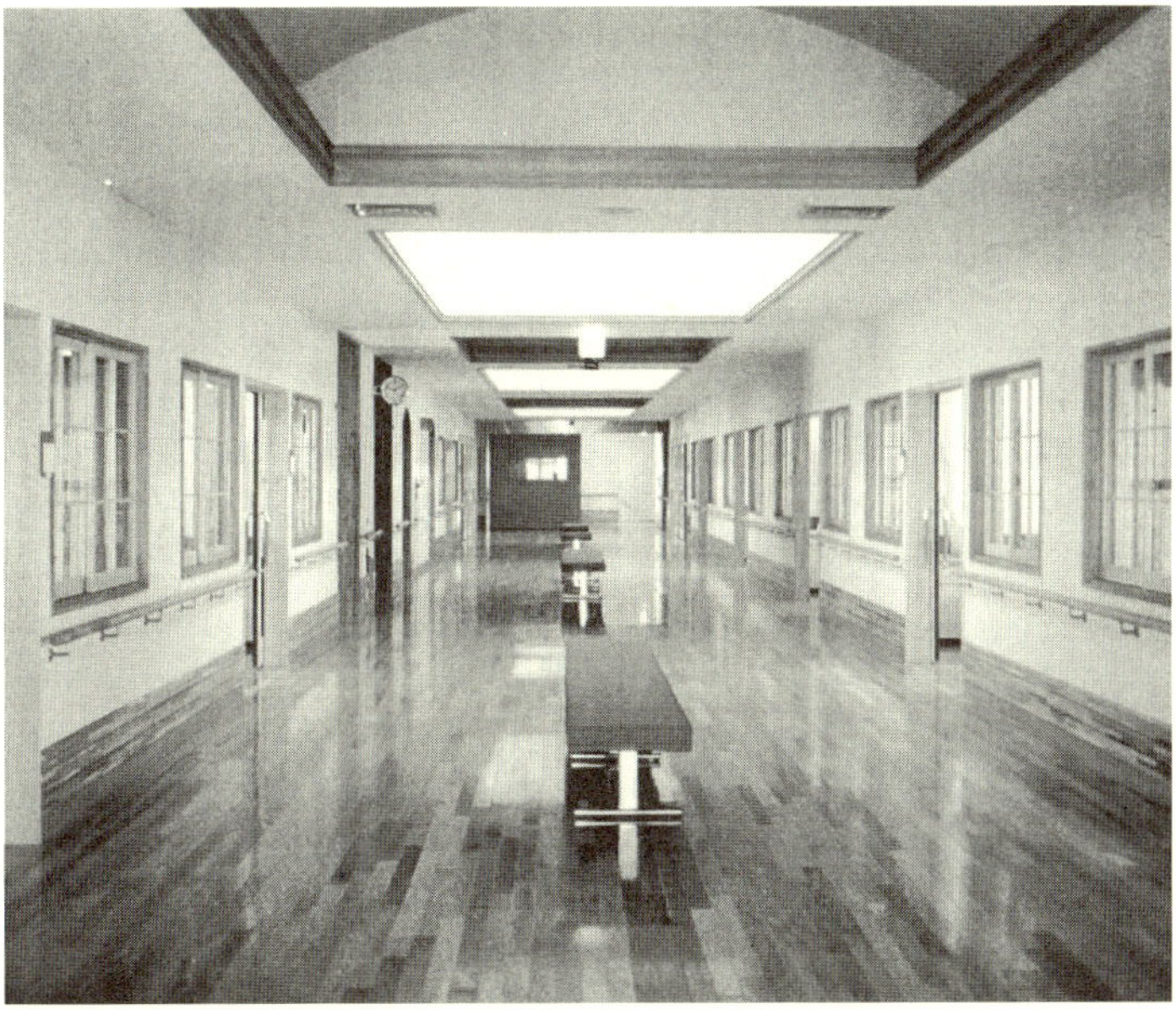

細い。

しかも、驚くのはホールの端部には四メートルぐらいの引き戸があって、その引き戸に高さ五〇センチメートル　幅二メートルぐらいの細長い覗き窓がついている。これで職員は入居者の様子を監視するのです。

ここにはすでに、四つの空間的な「落差」があり、入居者に大きなストレスを与えています。

第一に、自宅で生活していた高齢者がもつ生活空間のスケール感の落差。自宅のスケールは当然小さく、部屋にしても廊下にしても小さくつくりこまれている。ところが、施設に入ったとたんに、住まいの空間スケールを逸脱した、広大なスケールの中に投げ込まれることになる。

第二に、「通路のようなホール」に代表されるように、今までの自分の生活空間にはなかった、どう行為していいのかわからない、意味の不明な空間がある。これは和風でもなく洋風でもなく、理解できない戸惑いの空間です。

第三に、空間が非常に単純化され、繰り返しの多い構造になっている。自宅なら一〇個も二〇個も同じようなドアが並んでいることはありえない。これでは痴呆性の方でなくても、自分の部屋を見つけ出すことは困難です。

たとえば、食堂に行こうと思って部屋を出たが、デジャヴュではないが、

図6　一人ポツンとたたずむ高齢者

どこまでいってもどこかで見たようなところに戻ってしまう。平面計画を点対称にしたり、同じパターンの繰り返しにするというのが高齢者施設の特徴です。しかし、これでは痴呆症など、見当識が衰えた入居者は、自分自身の位置がわからず混乱が助長されます。

第四に、一人になりたいときに一人になれない。自宅では、一人になりたいときにはそうなれる空間や時間があったはずです。しかし、ここでは、絶えず誰かの視線を浴び続けることになる。施設を視察に行くと廊下の突き当たりに車いすに坐った入居者がポツンとしておられるのをよく目にします。こういう形でしか一人になれないのです。

■誰とも会話のない孤独な四床室

私は、スウェーデンから帰国して、全室個

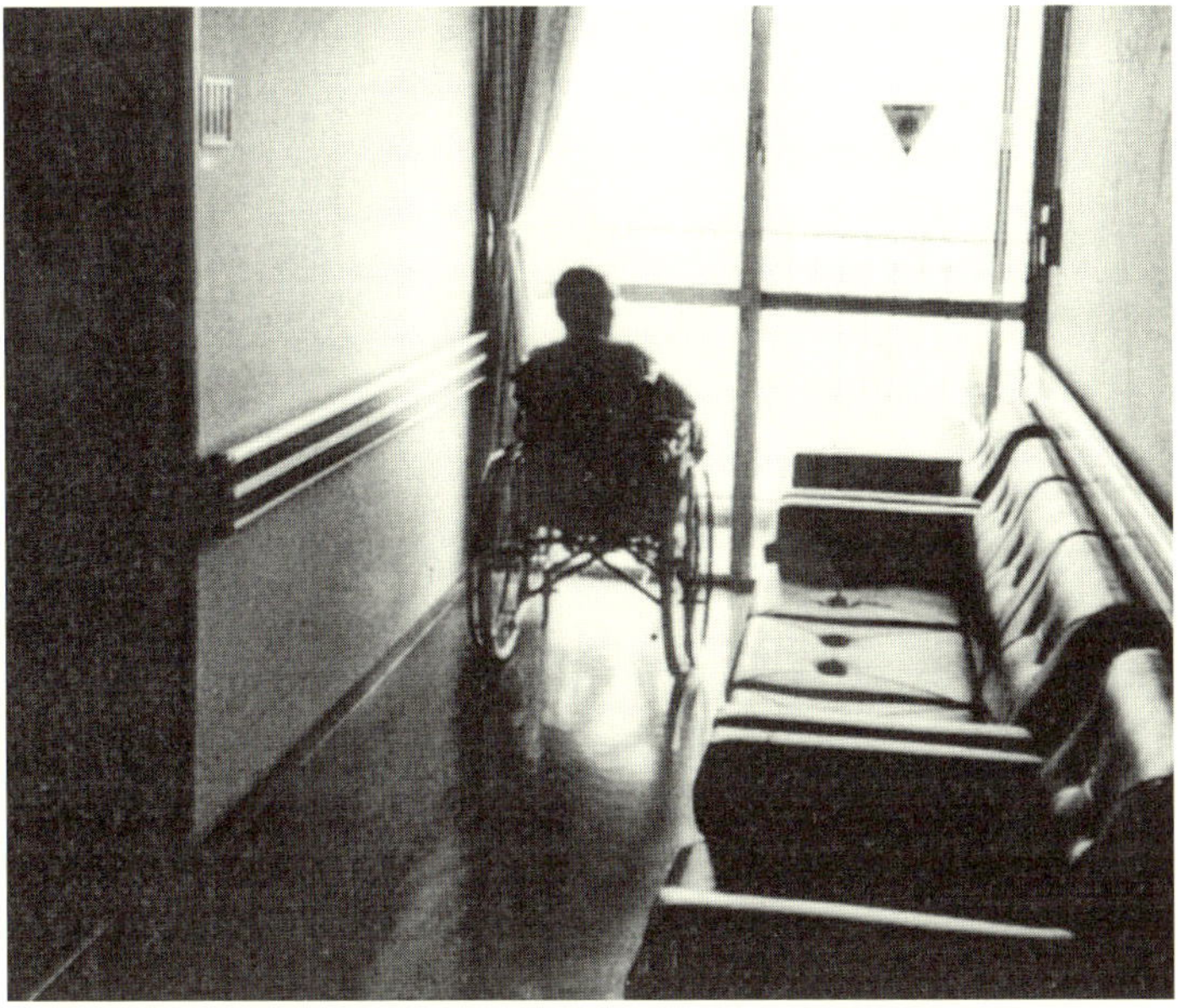

室の高齢者施設の計画に関わってきました。

「おらはうす宇奈月」というのは、日本で最初の全室個室の特養です。先ほど申しましたように、全室個室の特養は今後急速に増えると思います。しかし、まだ、四床室中心の特養が建てられている現状は悲しい。

高齢者施設の管理者の中には、多床室（たとえば四床室）のほうが個室よりいいという人がいます。その理由は次のようなものです。

第一に、四床室というのは、プライバシーは犠牲にされるけれども、コミュニケーションがとりやすいので淋しくない。

第二に、具合の悪い人が出たときに、スタッフが手薄でも、同室の誰かが発見して知らせてくれるから安全。

第三に、四人で一部屋にしたほうがスタッフが効率的に働ける。

これらは事実でしょうか。

私は数年前に、厚生省（現・厚生労働省）から委託されて、右のような多床室の利点が事実であるかどうかを検証するための調査研究を行いました。

まず、四床室で行ったタイムスタディでは、私の研究室の学生が一人ひとりの顔を覚えて、朝から晩まで一〇分間隔で、どこで誰が何をしているか、また、会話をしているときは誰とどんな会話をしているかを記録しました。

その結果、部屋の中の会話は、結局四パーセントしかなかった。つまり一〇〇回チェックしたら四回しか会話をしているシーンが観察されなかった。しかも、会話の中身は、「ものを盗られた」とか、誰かを怒鳴っているというようなものばかりでした。

先ほど触れた六床室主体の県立の特養でも朝七時から夜七時半までのタイムスタディをとりました。調査に参加した学生がまず驚いたのは、朝起きても同室者同士が挨拶をしないことです。黙ってムクッと起きるとガサガサと動き出すのです。かなり狭いところに六人が生活して、相手が目の前にいるのに、いないもののように暮らすのです。

考えてみてください。そうすることでしか生きていけないのではありませんか。もし感受性がみずみずしいままに、周囲のことに全

図 7　多床室における顔の向きと姿勢

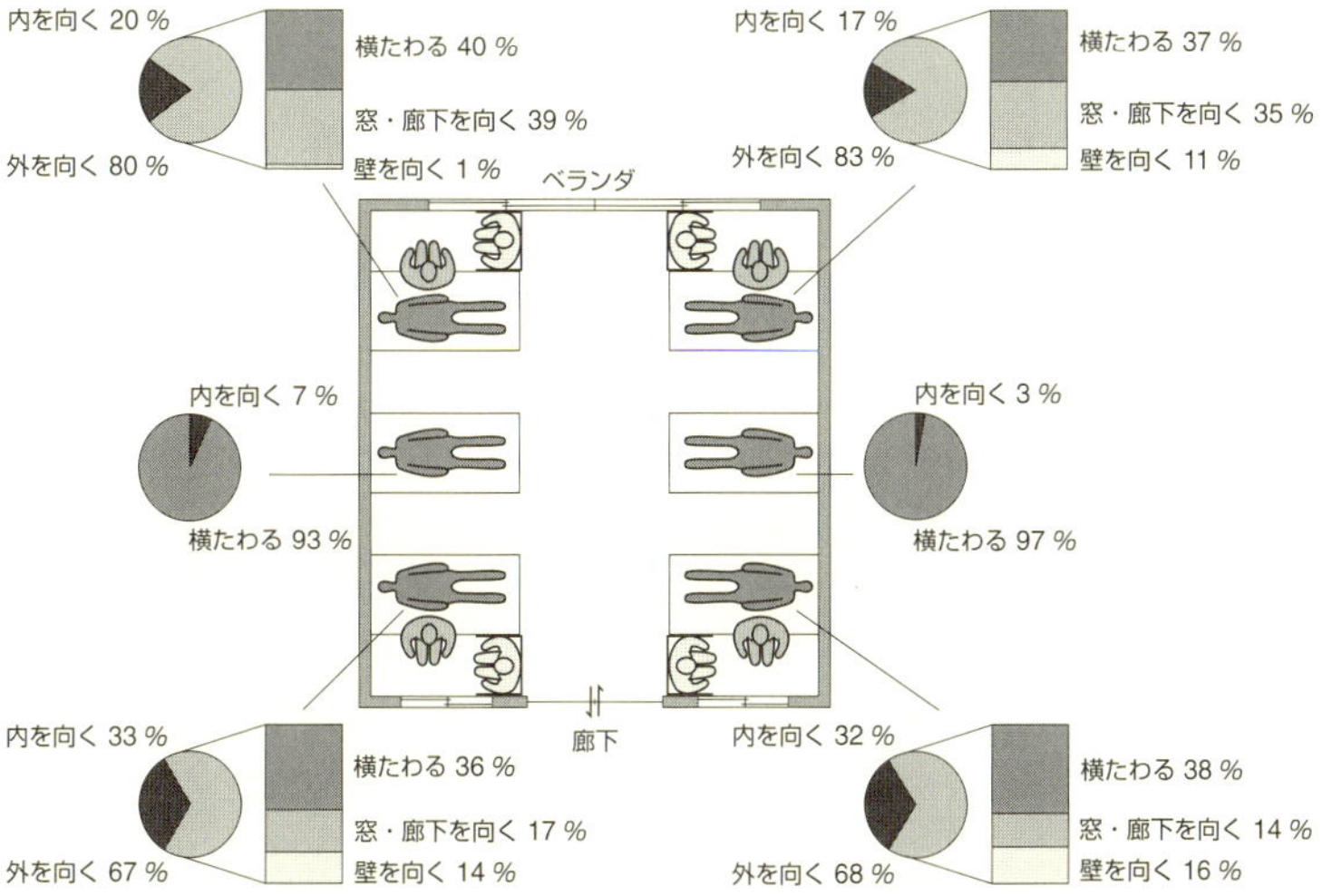

部反応していたら、神経がもたない。

　多床室では、夜中に同室者がポータブルトイレを使ったり、入れ替わり立ち替わりトイレに行く。そのたびに電気をつける人がいるし、音を立てたり、臭いも出るかもしれない。大きないびきをかく人もいる。これでは睡眠が分断されるし、ストレスもたまります。日昼は、自分が好きでもないテレビを隣の人がガーガーかけている。お互いに生理的な部分でいつも鬱屈している。このような環境で自分のペースを守って生きていくためには、感受性を鈍くする必要があります。感受性をマスキングするわけです。

　たとえば、典型的な例では、四床室の入居者は、多くの場合、背を向け合い、それぞれが部屋の四隅を占有するような形で生活を営みます。人間関係をソシオメトリーで調べていくと、入居者は、だいたい利害関係のない遠くの部屋の人と交友関係を持とうとします。

　つまり、「個室では淋しい」という前提は実質的に成り

図 8　施設全体でみた入居者間の会話

ある時間帯における22号室の入居者の会話をみてみると、居室ではほとんど行われない。同室者同士の会話は、リビングでは多くなるが、基本的には別室の人との会話数が多い。

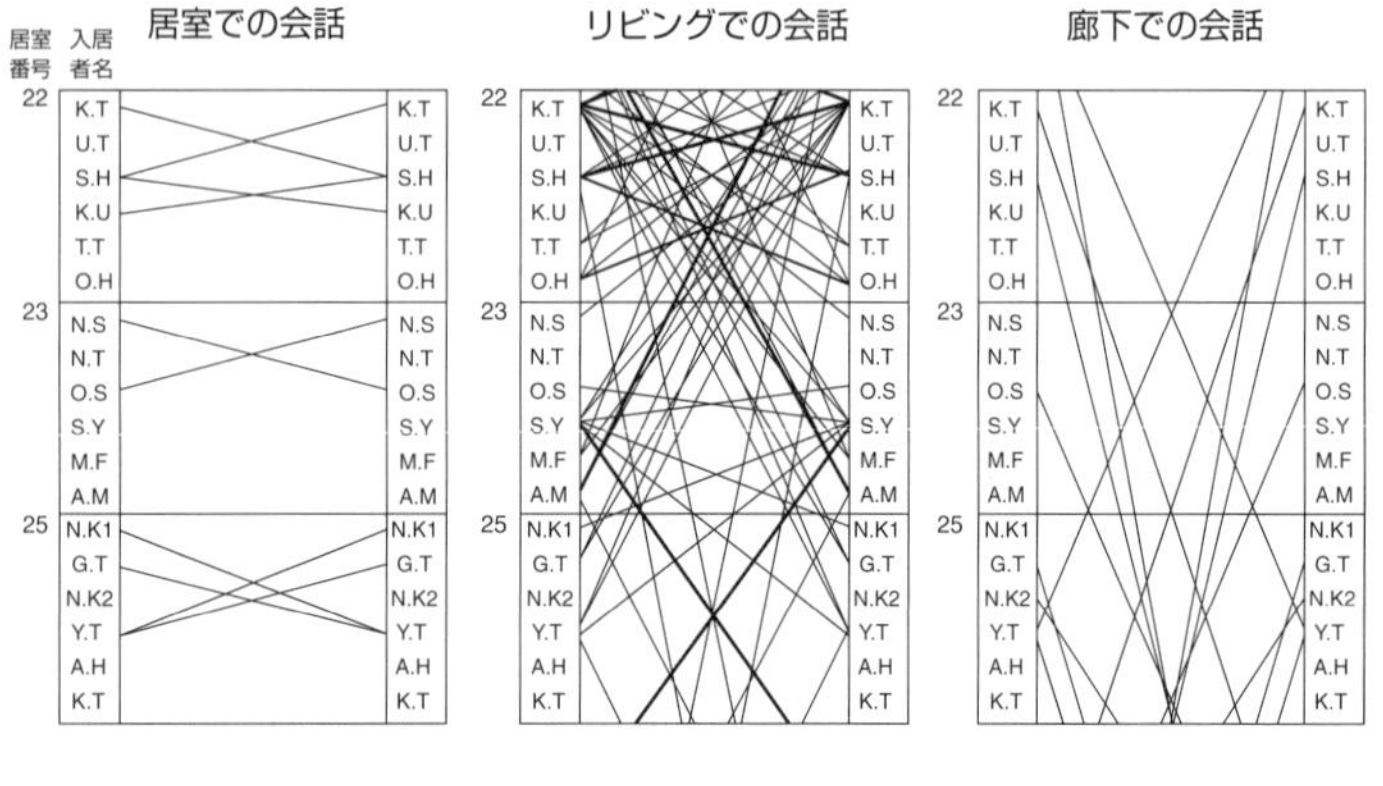

立たないのです。「人と会いたい」、「友達を部屋に呼びたい」、「友達を訪ねたい」という欲求は、まず自分の「逃げ場」が保証されて、一人の時空が確保されて初めて出てくるものなのです。

■個室にしたら食欲が増進した

ある県立特養が六床室から全室を個室化したとき、新旧の生活状態の比較調査を行いました。ここでまず驚くのは、個室化によって、居室の滞在率が大幅に下がったことです。それだけ入居者の動きが大きくなったわけです。同時に、共用空間での交流は急激に増加しています。それだけではなく、入居者の食欲が増進し、介助なしで食べられなかった入居者の何人かが（なかには胃に穴を開けて栄養を補給する胃ろう摂取の方も）、自力で食べられるようになっています。

多床室にいたときはベッド上で生活していた人が、個室になったとたんにベッドを下りて、自分で入れ歯を洗ったりしはじめるのです。ベッド上で過

図9　個室ユニット化による入居者の居場所の変化

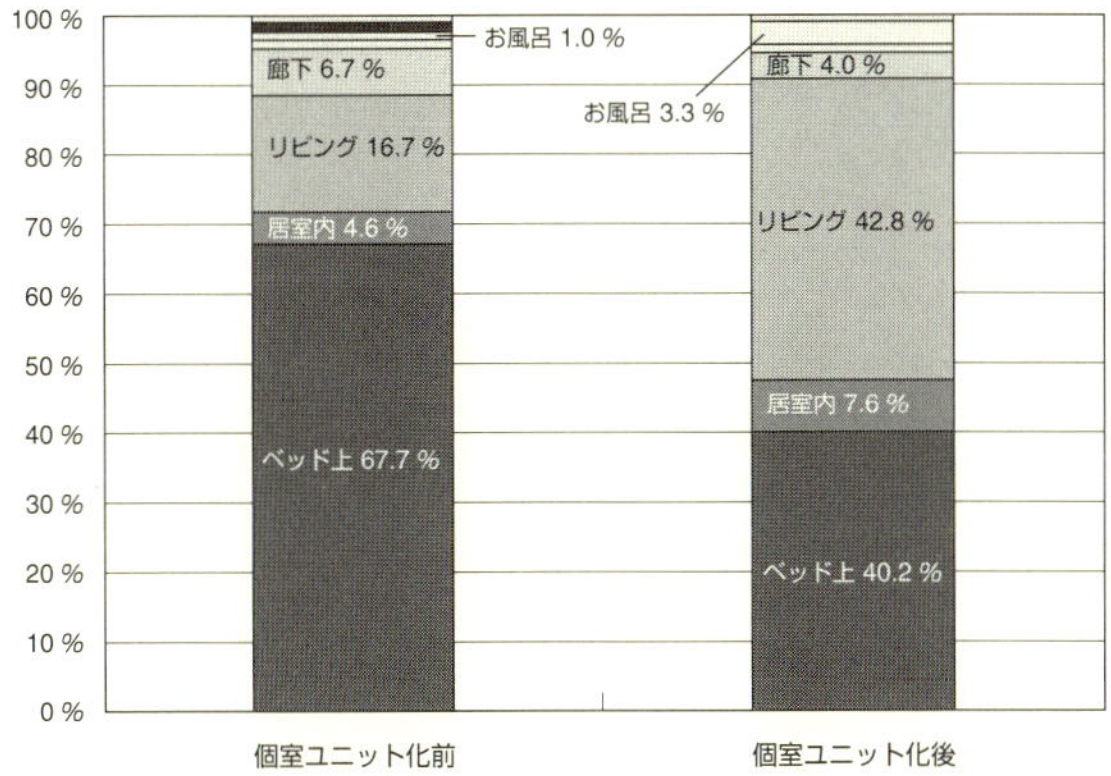

ごす時間も、全体で七割から四割に減りました。ポータブルトイレの使用率も半減し、自分でトイレに行くようになった人もいます。

不思議といえば不思議ですが、個室で自立心がつき、生活意欲が復活して、運動量も増えたのです。入居者同士のトラブルも減少しました。さらに、入居者だけではなく、家族にも変化をもたらしました。家族の訪問回数が増えたのです。この

図10　入居者による積極的行為の変化

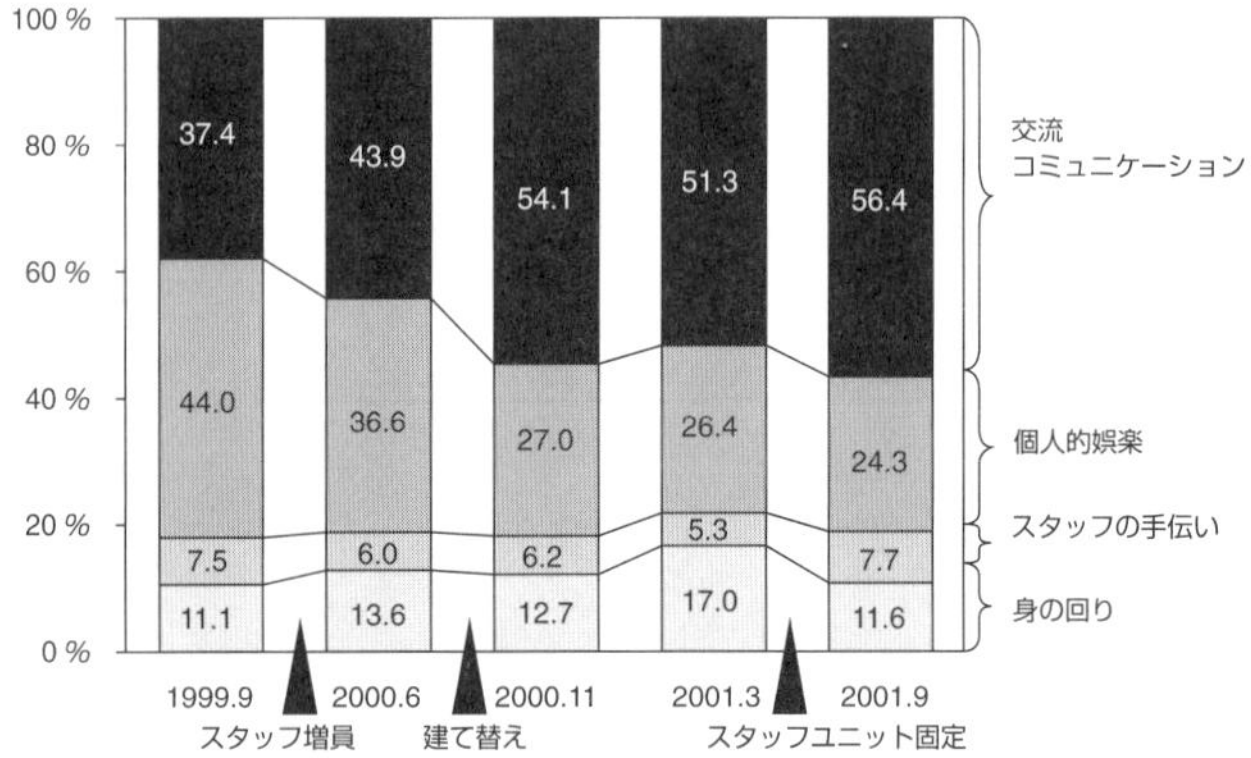

図11　個室ユニット化による入居者の居場所の変化

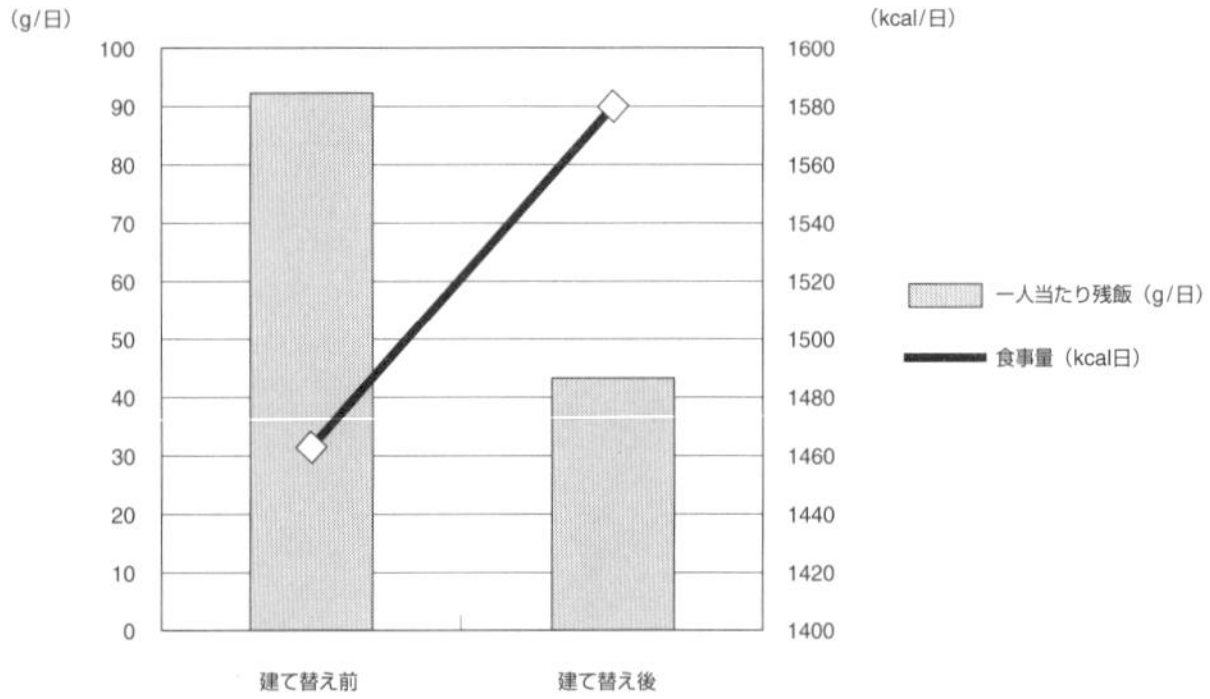

ことも入居者の〝生活の質〟（ＱＯＬ）を高くしています。

では、第二の「多床室では、入居者の容体が悪くなったときの発見が早いから安全」というのは正しいのでしょうか。これも事実ではありません。というのは入居者が亡くなった場合の発見者は、ほとんどは介護スタッフです。多床室の入居者は互いに没交渉で、他人に反応しない生活を送っているので、同室者の状態が悪くなっても気づきません。

第三の「多床室のほうが介護が効率的」というのはどうでしょうか。

さきほども紹介した追跡調査では、多床室から個室化した直後には、介護スタッフの運動量が一時的に増えるのですが、五か月後には運動量が以前と同水準となり、介護スタッフをユニット（後述）に固定した一年後には、

図12　日勤介護スタッフの歩数と運動量の変化

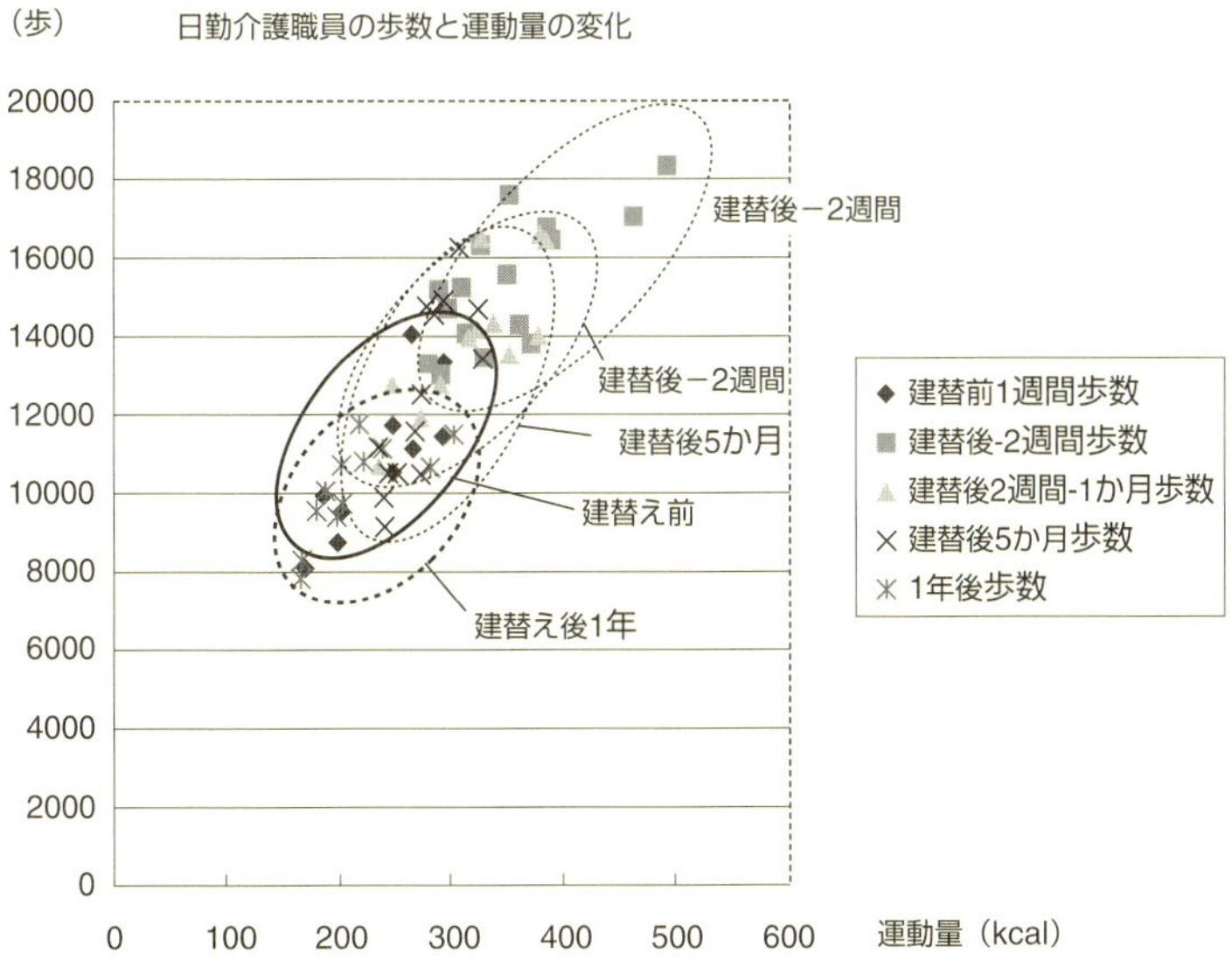

逆に減少しています。その間に動き方が効率化されたのも一因ですが、環境の形のつくりかたが重要になります。後に詳しく述べますが、単に長い廊下の両側に個室を並べただけでは介護スタッフの運動量は増加しますし、入居者にとってもメリットは少ないのです。

いずれにしても、多床室と個室にまつわる言説には多くの「神話」があることはわかっていただけたと思います。

■施設での生活はものすごいスピード

次に、自宅から施設に移るときの「時間的な落差」について見てみます。自宅で暮らしている高齢者は一人ひとり、長年の生活を通して身についた生活リズムを持っています。たとえば、田舎であれば、朝早く起きて、畑をちょっと見回って、場合によっては畑仕事をしてから、お茶を一杯飲んで、朝食の支度にかかる。畑で摘んできた菜っぱがおみそ汁の実になったりします。あるいは、ゆっくりぎりぎりまで寝ている人もいるだろうし、ラジオ体操を日課にしている人もいる。朝の連続ドラマから一日をはじめる人もいる。それぞれ一人ひとりリズムも出発点も違います。

しかし、特養の場合、朝八時に朝食になりますから、七時四五分ぐらいに居室から促されて、五〇人近い入居者といっしょに大きな食堂に集められます。一人ひとりが持っていた生活リズムは、大きな集団のプログラムに飲み込まれてしまう。固有のリズムが集団のリズムに飲み込まれることによって、精神的なストレスだけではなく、生理的にも影響が出ます。

たとえば、夕食なら、自宅では、夜六時半に食べていたのが、施設では四時半から五時半ぐらいになったりします。厨房スタッフの作業時間でそうなるわけです。さらに、間食が制限されている場合、入居者は翌朝の八時まで飲まず食わずの状態になる。

最近の研究で、人間の血糖値がいちばん下がるのは夜中の二時ぐらいで、血糖値が下がり過ぎると痴呆発症と有意な連関があるという報告があります。昔、地方によっては、寝る前に番茶で饅頭を食べる習慣があり、今でもそうしている方がいますが、それは理に適っているわけです。

さらに、施設での高齢者の生活リズムに関して驚くべきことがあります。研究室の学生がマン・ツー・マンで介護スタッフの追跡調査をし、その動きと作業内容を平面図の上にプロットしていたときです。学生がへとへとになって、「あのスピードでは高齢者は絶対ついていけない」というのです。

とにかくものすごく動きが速い。反対に高齢者の動きはふつう以上にゆっくりしていますから、スタッフとのスピードの差は、各駅停車と新幹線ぐらいです。入居者が何かいいたいことがあっても、「寮母さぁん、○○さぁん」と叫ばなければ振り向いてもらえない。入居者が施設のリズムに合わせるというのは、動いている電車に飛び乗ろうとしているようなものかもしれません。

一方的に介護スタッフが走り回って、オムツを換えたり、食べ物を入居者の口に入れたり、口の中に食べ物が残っているのに、また次のさじを入れたり、といった他動的な生活が入居者側に強いられることになる。自宅にいたときは、パーキンソン病などで手が震えて食べ物をこぼしても気にすることもなく、時間をかけて口に入れていればよかった。施設ではそれができない。この生活リズムの破壊、時間的な落差が、入居者の心身に与える影響は計り知れません。

■役割の喪失がもっとも痛手

「空間の落差」「時間の落差」のほかに「言葉の落差」もあります。

大きな集団を少ないスタッフで仕切ろうとすると、学校と同じで、どうしても話し方が命令的になる。集団行動からはみ出す人がいると、注意したり、規制したりして集団の中に戻さなければならないからです。

高齢者は、長い間、自宅や地域共同体の中で、それぞれの責任を持って生きてこられてきた。ところが、施設ではその高齢者に、ルールを守ってもらうために命令的、教育的、指示的な言葉が絶えず使われます。これも高齢者の心を萎縮させ、結果的に生命力をしぼませてしまう。

自宅で暮らしているときにも、ゴミを何日にどこに出すといった、さまざまなルールがあります。しかし、そういうルールの是非に対して意見を述べる権利が与えられている。ところが、施設に入ると、一方的に守らなければいけないルールだけになります。

まず、入居時には、持込物のルールがあります。何を部屋に持ち込んでいいのか。いけないのか。これは、高齢者に精神的に大きなインパクトを与えます。

タンスの持ち込みを認めている特養は、全国三〇〇〇のなかで一割強しかありません。それ以外は、いくら思い入れがあり、愛用していたタンスや仏壇でも持ち込み禁止というルールが厳しくあったり、事情によって認めているという施設です。金銭についても自分勝手にできなくなるのは高齢者にはつらいと思います。

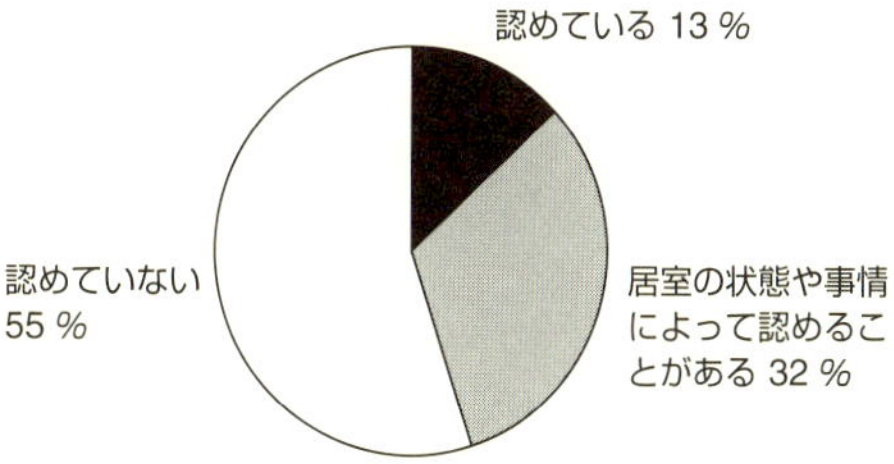

図13　タンスの持ち込みの可否（一九九二年度全国老人ホーム基礎調査データより作成）

下着や衣服に名前をつけたりしている施設があります。これはいいところだと思います。というのは、そういう施設では、自分で着る服を自分で選べるから、おしゃれもできるわけです。そうでないところは、お仕着せが与えられる。

そのほか、ペットを持ち込んではいけないとか、外出時間、外泊といったことに対する細かいルールがあります。これらは管理する側から一方的に決められるもので、入居者が意見を差し挟んだりすることはできない。この決まりごとに対する「落差」も自宅で暮らしていた高齢者には、大きなストレスです。

しかし、自宅での暮らしと施設の暮らしとの間の最大の「落差」は、役割の喪失、出番がなくなるということだと思います。

どんなに床に就きがちな高齢者でも、自宅にいれば、留守番もできれば、朝、孫に、「○○ちゃん、もう行かないと学校に遅れるよ」と声をかけたりします。出番がある。

長い間さまざまな仕事をしたり、地域で何らかの役割を負って生きてきた方は、そこにいるだけで存在感がある。社会的な意味があるわけです。近所の人が玄関や縁台に坐って、寝床から体を起こしている高齢者と世間話をする。それだけでも十分な社会的出番です。

　ところが、施設に入ると、大きな集団のなかで、「介護する人」と「介護される人」という垂直の関係を軸に受け身の存在になってしまう。

　人間というのは、人から何か受けとるだけでは生き生きと輝くことはできない。自分なりに何かの役に立っていることで、生きていることの手応えを感じるのです。とくにいまの高齢者の世代はそうした生き方をしてきた世代だといえるでしょう。そうでないと少なくとも顔は輝いてきません。

　ですから、どんなにサービスやケアが行き届いた有料老人ホーム、高級な有料老人ホームに入っても、サービスにクレームをつけたり不満をいったりするだけでは不幸な晩年になります。施設が、高齢者の出番、つまり、何かをつくったり、人を助けたり、働いたり、そういう生活の中身を奪うことで、高齢者の生命力をしぼませてしまうのです。

　そういう状況をどう変えていったらいいのか。それがこれからのテーマです。

■介護単位より、生活単位を優先する

特養は通常、いくつかの「介護単位」（介護ユニット）で構成されていま

す。一つの介護単位には、寮母（特養の介護スタッフの呼び方）のための寮母室があり、そこに一定の数、たとえば一〇～一二人の寮母が所属していて、一日の勤務を、早出、遅出、夜勤というようにシフトしていきます。逆にいえば、そういう介護スタッフの職務管理上のローテーションが成り立つ単位が介護単位です。たとえば六〇人の施設だと、介護単位が二つあるのが一般的です。

しかし、これはもちろん、運営する側、働く側の都合でつくった単位です。この単位を、生活する側からつくるとどうなるか。

たとえば、「いっしょに生活していれば顔を覚えられる人数」とか、「はじめて入ってきた人が気後れせずに向き合える人数」とか、そのようなものがあるのではないか。これが「生活単位」という考え方です。

最近、特養でも、この考え方のユニットがようやく導入されてきて、たとえば三〇人の介護単位が、三つの生活単位によって構成されたりします。介護単位が、さらに生活単位に分解されることによって、入居者同士が、もっと親しみをもてる条件が整います。

桑沢さん、鈴木さん、渡辺さんが、それぞれ、昔の職業は何か、どこで暮らして誰に嫁いで、ご主人が何をしていたか、そして、どのような事情でここへ来たか、あるいは、昔は和裁をやっていてすばらしい着物をつくっていたとか、お漬け物の作り方がとても上手だとか、そういうことがだんだん詳しくわかってくれば親しみもわきます。

また、介護スタッフにとっても、入居者の一人ひとりに、それぞれの人生があって、それぞれが持っている、さまざまな障害（インペアメント、ディスアビリティ）のありようや残された能力の所在が、グループの規模が小さくなることで細かく見えて来ます。高齢者が、病気や障害と折り合いをつけながら、最後の人生をせいいっぱい生きていこうとする姿勢が見えてくる。

すると介護スタッフと入居者のこれまでの〝垂直的な関係〟が、〝水平の関係〟に変化します。スタッフが入居者の人格を尊重し、上からではなく側面からサポートするような関係に変化してくる。

高齢者施設は、介護単位を先に考えるのではなく、生活単位をまずつくり上げて、そのうえで介護単位、管理単位をまとめあげていく必要があります。

■施設を個室化しただけではだめ

生活単位の考え方によって、はじめて施設の個室化は意味あるものになります。

個室をつくって、入居者の「逃げ場」を保証しただけでは、高齢者の生活意欲やコミュニケーションを十分促せません。

たとえば、真っ直ぐな廊下に、ハーモニカ型にずらりと個室を並べて、廊下の端に共用の大きなホールをつくったとします。こういう施設では、必ずこの大きなホールに職員の野太い指図の声が聞こえてきます。

歌を歌ったり、体操の掛け声がかけられたり、施設の集団プログラムにしたがって高齢者は個室から呼び出される。施設の行事には〝やらせ〟という側面があり、入居者が決して自らの意志で意欲的に部屋から出るわけではない。参加したくない高齢者は個室に引きこもる。これでは「集団活動か引きこもりか」という二者択一の世界になってしまう。

引きこもりは、個室があってもなくても起こるのですが（多床室ではベッドの上に寝ている）、これでは入居者同士の積極的な人間関係が育たない。人間関係が育たなければ、どんな社会的な役割も生じません。入居者に部屋の外へと積極的に出てもらう工夫が必要です。生活単位の考え方がここで生きてきます。

たとえば、六〜八室を生活単位とするとどうなるでしょう。六〜八人が一つの「茶の間」（リビング）を囲んで、家族か友人同士のように生活する。

図14　個室と廊下の関係イメージ
個室化しても共用空間が貧しければ交流は生まれにくい

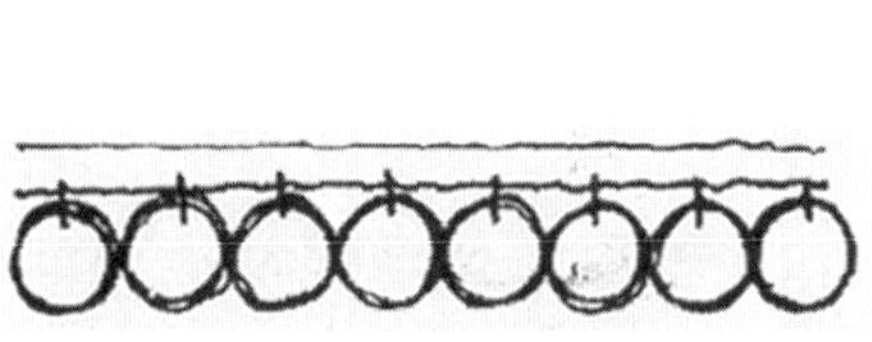

小さな単位だから気心が知れてくる。安心もできる。

しかし、いつも同じ人と話をするのは飽きるだろうし、もっと気の合う人が別のユニットにはいるかもしれない。ユニットを超えて出会いのチャンスがあれば、人間交流の意欲はもっと刺激されるはずです。そこで、新しい出会いや交流のためのスペースや機会をたくさんつくってみる。たとえば、自由参加のティー・セレモニーやお花、カラオケ大会で、ユニットを超えた交流をしかけてみる。

空間的には、生活単位の「リビング」とは別に少し大きめのホールをつくったり、あちこちに、ちょっと座って会話できる〝井戸端会議〟用のいすを置いてみる。そうするとユニットを越境してみようという気になり、ユニットを超えたコミュニケーションが広がります。

ユニットを超えて新しくできた仲間は、施設の中のさまざまなスペースを自由に使って、それぞれの生活シナリオを再構成していくことになります。すでに生活単位の小さなコミュニティによって、それぞれが最低限の社会的な役割を持っています。そのうえで、もう少し大きめの集団活動に参加するかどうかは、それぞれの好みで選択すればいいわけです。

個室をつくるだけでは、「集団活動か引きこもりか」の二者択一に陥る可

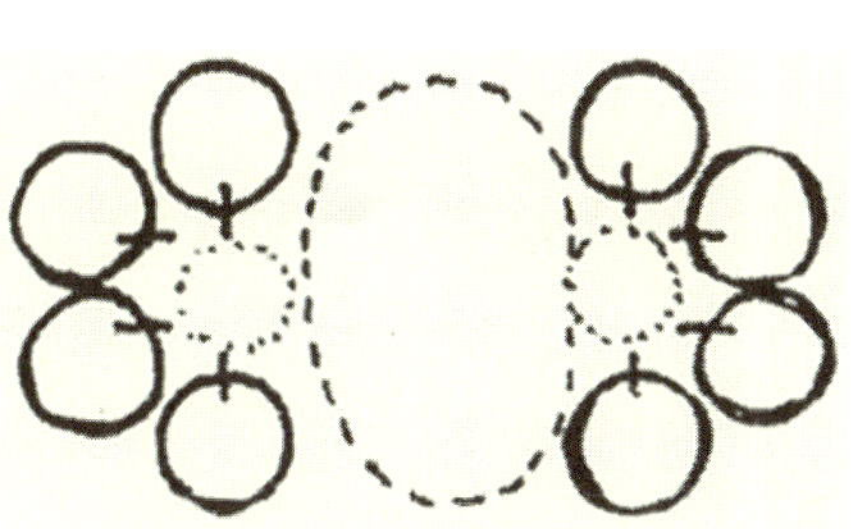

図15　個室が小グループを形成した段階的空間構成

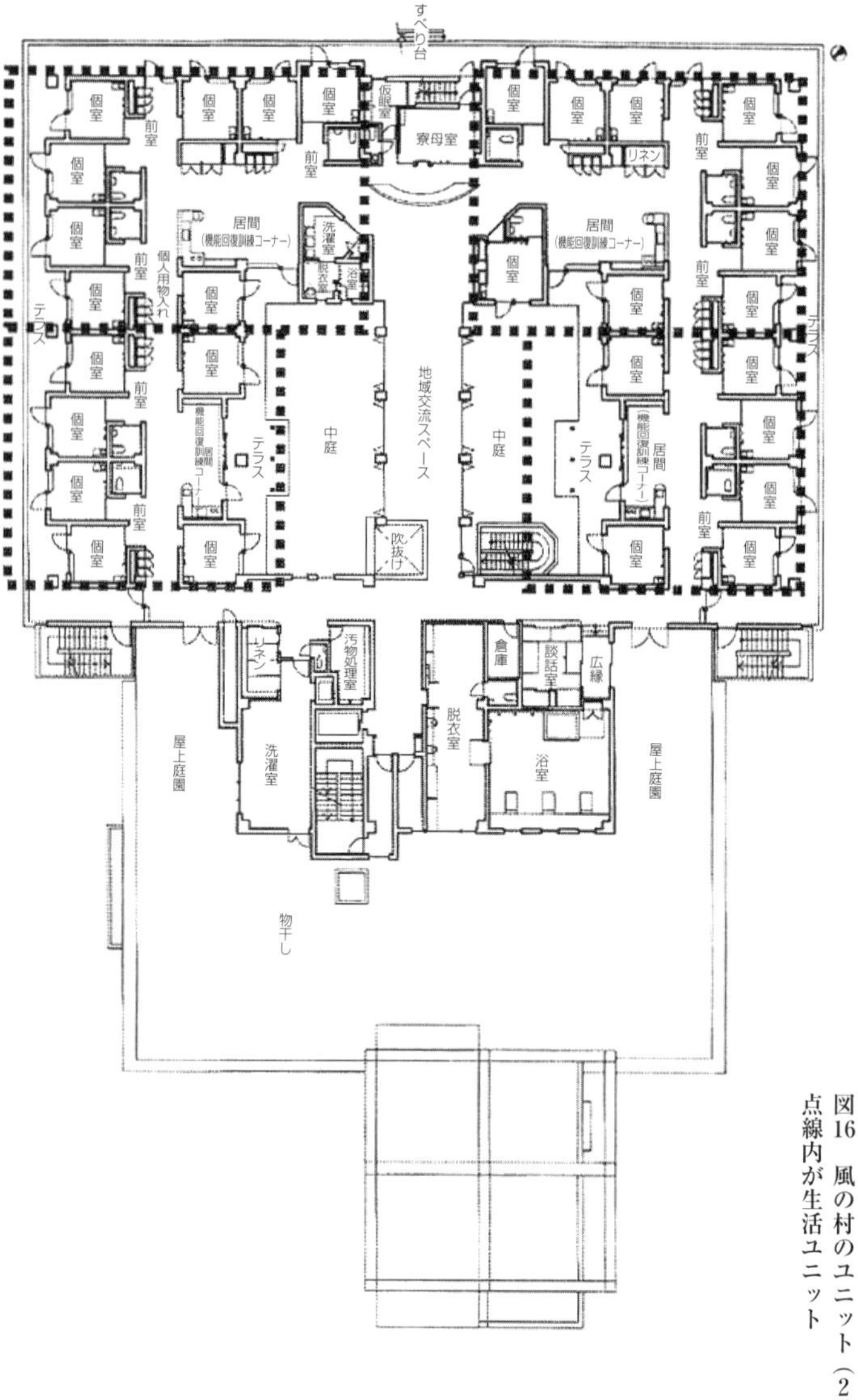

図16 風の村のユニット(2階)
点線内が生活ユニット

能性があります。個室化するには、必ず生活単位の発想が必要です。

私が設計に参加した千葉県の特養「風の村」は、いまお話ししましたように、一つのリビングとそれを囲む六～八の個室を生活単位としています。居室の引き戸を開くとリビングに出られます。このような生活単位が四つで一フロアを構成しています。

先ほど六床室を個室化した特養の追跡調査を紹介しましたが、ここでの介護スタッフの運動量（エネルギー消費量、歩数）が、五か月でほぼ以前の多床室時代と同じになったと報告しました。その理由の一つは、このようにリビングを中心にユニット化したため動線が短いからです。同じ個室といっても、横並びの個室によってできる長い廊下は、入居者に圧迫感を与え、介護スタッフの労働量を増やします。さらに延床面積の三割近くも占めながら、施設内道路として機能しているだけで、入居者の生活空間を豊かにはしないのです。

■豊かなコミュニケーションを育てる空間

「風の村」には、入居者の心を中心軸にして同心円で描かれる四つのゾーンが想定されています。この四つのゾーンは、ふつうにわれわれが生活するうえに欠かせないものです。

われわれの生活の中にも、①寝室や書斎があり、②家族が団らんする居間があり、③隣近所や友人とつきあう集会室や喫茶店がある。さらに、④学校や会社やスーパーといった公的な関わりを持つ場があります。これらが欠けた生活というのは変則的なものです。

「風の村」で再現した四つの同心円のもっとも内側は、いうまでもなく個室で、「プライベートゾーン」です。その次に住まいであれば、ＬＤＫに

図17　風の村の個室（プライベートゾーン）

図18　風の村のリビングルーム（セミプライベートゾーン）

当たる家庭的な空間があり、「セミ・プライベートゾーン」と呼びます。これらの空間の主導権は入居者自身にあります。

さらに生活ユニットと生活ユニットをつなぐ少し大きめの共用空間を「セミ・パブリックゾーン」と呼びます。家庭的なユニットを超えて、より豊かなコミュニティをつくるための空間です。

そして、もっとも外側には地域の人が自由に出入りする「パブリックゾーン」をつくりました。このゾーンは従来の特養にあまりないのですが、地域の人たちと入居者が交流するゾーンです。このゾーンを通して入居者に〝社会生活〟の雰囲気と刺激を味わってもらうのが目的です。

この四つのゾーンがそれぞれ呼応しあって、はじめて、高齢者は、自分の居室を「居場所」として受け入れていきます。つまり、個室であるプライベートゾーンがほんものの「身の置き所」になるには、もっと広い空間から考えていかなければなりません。

セミ・プライベートゾーンの重要性に気づいたのは、四床室の特養を調査することによってです。四床室の場合、ふだん寝起きする居室は、集団的・規律的であり、かつ寮母が主導権を握っています。入居者同士が自主的に集まり、主導的に使えるセミ・プライベートゾーンがないと、入居者は自主性

図19　風の村の共用空間（セミパブリックゾーン）

図20　地域に開放された風の村の喫茶店（パブリックゾーン）

をもてないまま、プライベートゾーンの居室から、いきなりセミ・パブリックの大集団モードに投げ込まれることになります。これではどこにいても主体性を持てず、緊張を強いられる。

「身の置き所」は本人が自主的につくるものです。施設はそれがもっとも効率的につくられるようにお手伝いをします。「風の村」もそうですが、私が計画に関わってきた施設に、はじめて入居される方は、ご家族と一緒に家財道具を持って来られて、ご本人の指示どおりに、家族と職員が居室に家具を並べます。

このような環境をつくると、通常の特養ではほとんど見られないようなシーンが観察されます。自分の「身の置き所」が保証されると、四床室のときは孤立していた高齢者が他の人と交流するようになるのです。さらに、そのための話題探しをはじめます。

そして、一人ひとりの入居者が、四つのゾーンを、朝起きてから夜休むまで使い分けて暮らすようになります。それぞれの一日の生活シナリオが、これらのゾーンを行き交いながら、だんだんと決まっていくのです。

ある七六歳の目が見えない女性はリビングによく座っておられる。人と談話しているときもあれば一人のときもあります。目の見えない彼女にとって、何といっても居室にいるときは安心していられるときです。居室から出てユニット内にいても、昔からの気のおけない仲間といっしょですから本心をぶちまけて話します。しかし、ひとたびセミ・パブリックゾーンに手を引かれて連れ出されたときは、雰囲気は華やぎますが、少し緊張して当たり障りのない話題を選びます。つまり、プライベートゾーン、セミ・プライベートゾーン、セミ・パブリックゾーンでは、心の置き方や会話の質がそれぞれ微妙に異なるのです。

この選択肢があることが重要です。どれが欠けても彼女の生活は貧しくなります。彼女は、プライベートゾーンから、セミ・プライベートゾーンやセミ・パブリックゾーンを行き来しながら「身の置き所」をつくりあげているのです。

■一日の生活シナリオは自分でつくる

一方、同じ施設の中に、脳卒中で片麻痺になった入居者で、以前、工務店を経営していた町の〝実力者〟がいます。選挙などがあると一肌も二肌も脱ぐ、といったタイプの人です。

片麻痺ですから歩くのが不自由ですが、足をひきずり杖をついて、毎日、

図21　段階的な空間構成を持つ特別養護老人ホームでの生活展開

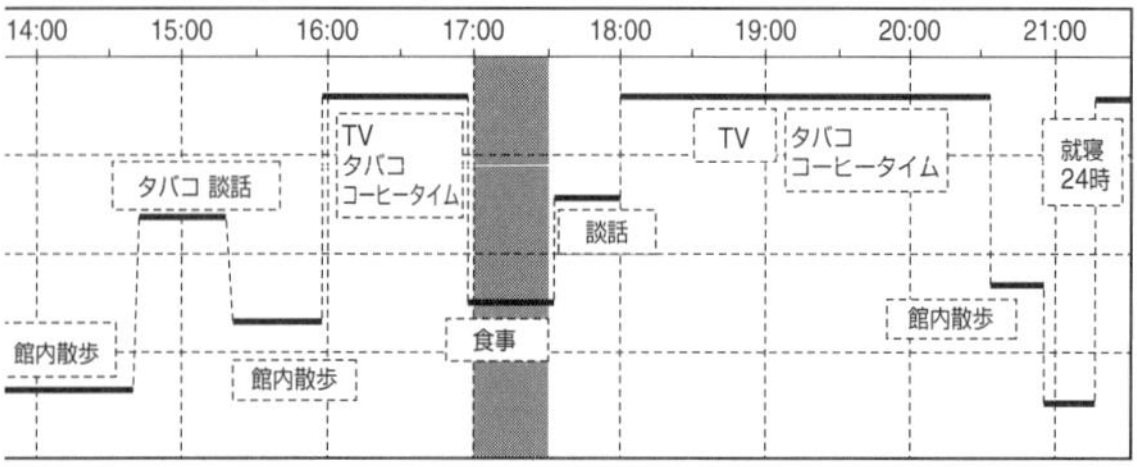

規則的に四つの空間を移動します。町の実力者という自負がありますから、ほかの入居者を少し見下しています。女性に対しては、「ペチャクチャしゃべってばかりで何もしない」と批判し、男性のことは、「寝てばかりで役に立たない」と軽蔑している。われわれの複数回の調査で、だんだんそんな本心をうち明けてくれるわけです。

では、彼は一日、どのように過ごしているのか。

この施設には、デイサービスセンターが併設されており、彼は、ここに来られる地域の高齢者をひたすら追いかけているのです。デイサービスのプログラムに合わせて、セミ・パブリックゾーンとパブリックゾーンの間を往復します。その途中の何か所かに、たばことライターを置いて〝マーキング〟をしておられる。

朝、デイサービスの人たちが入ってくる時間には、玄関横のベンチに座ってたばこを吸っています。作業療法などのデイサービスのプログラムがはじまると、向かいの喫煙コーナーで、やはりたばこの煙をくゆらせている。

デイサービスの入浴時間には、風呂場の前にあるベンチに座って一服している。そこは、入浴が終わった高齢者が、自動販売機のジュースなどで水分補給するコーナーです。とくに、おしゃべりをするわけではないが、外の空

事例　：入居者A（男性　69歳　痴呆程度　：クリアー　ADL　：17）

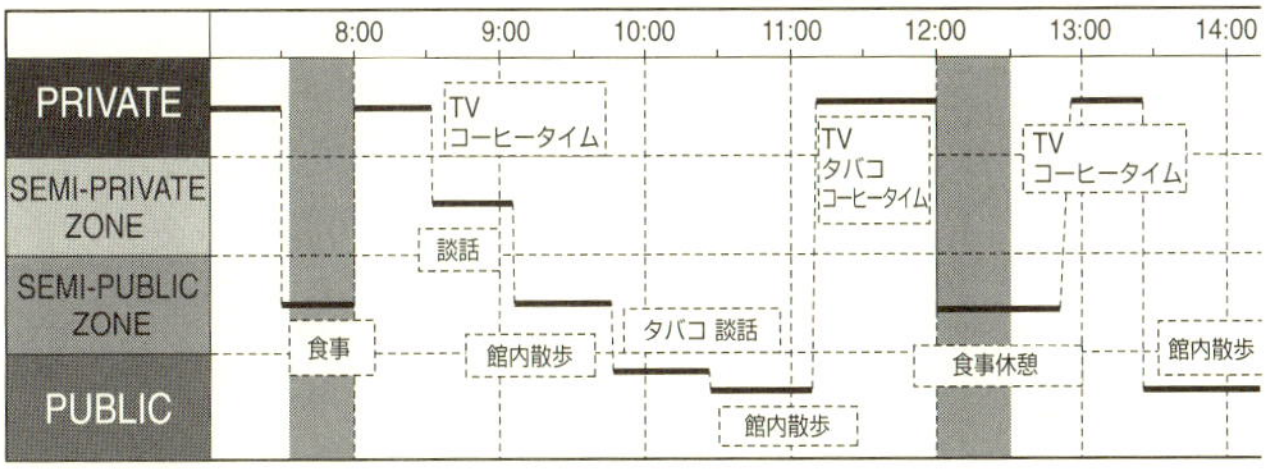

気に触れていたいというお気持ちではないでしょうか。その合間に、彼は、自分の部屋の外側に栽培しているプチトマトを見回ったり、そこから外部に出ることもあります。この方にとっては、パブリックゾーンとセミ・パブリックゾーンを毎日行き来することで「居場所」を見つけ、生活シナリオを形成しているわけです。

また、ある高齢者は、入居されてから俳句をはじめられました。ベッドの上が仕事場です。ときどき友達を呼んで、俳句を披露したりして交流を楽しんでいます。俳句でもらった賞を目立つところに飾っています。この方はプライベートゾーンを生活の主軸にしておられる。

入居している五〇人が一人ひとり異なるシナリオを持って生活を営んでいます。もし、集団的ルールにがんじがらめになっていれば、自分でシナリオをつくることができない。自作のシナリオができてこそ、生活に余裕が生まれるのだと思います。現に、こういう施設ではよく笑い声が聞こえます。

■玄関がないとあいさつもなくなる

どの施設にも痴呆性の方が七割程度はおられます。

痴呆性の方の場合、環境が貧しいと、それに合わせて行為も貧しくなります。ですから、施設空間に、自宅の生活の中にあったさまざまなもの、たとえば、家具や台所用品、農家の方なら農機具などがあれば、痴呆性の高齢者は、ごくふつうの表情、ごくふつうの行為を見せてくれます。

建築的には、たとえば、居室の内と外を隔てる「玄関」も大切だと思う。玄関というのは、プライベートな領域と、他人が行き交うパブリックな性格を持つ領域の結節点にあります。訪ねてくる人がいたら、そこで挨拶をしたり、立ち話をしたり、贈り物を受け取ったり、別れを告げたり、さまざまな出会い、別れの行為が展開される場です。

そういう玄関がないと、そこでの行為もなくなります。痴呆性の方はとくにそうした傾向が強い。挨拶などが消えてしまうのです。そこで、居室ごとに「内玄関」を計画したりすることが大きな意味を持ちます。

私は、内玄関に、ちょっと坐れるベンチと下駄箱をつくったり、玄関脇に、昔懐かしい舞良戸《まいらど》の引き戸のある便所をつくったりします。

図22　居室前に設けられた内玄関

昔は、座敷に上がらないけれども、交流する場として土間とか縁側がありました。近隣との〝やわらかい交流〟を促す場です。そういうものがなくなった現代の住宅では近隣との交流もなくなってきた。空間がなくなると行為もなくなるというのは、痴呆性の方に限った話ではありません。内玄関の外側に格子戸をつくりますと、本来的な機能はないのですが、入居者は寝るときその戸を閉め、朝起きるといちばんに開けられます。空間があると行為も残るのです。

また、トイレのつくりかたにも工夫が必要です。高齢者施設に行くと、よく大きな字で「便所」と書いてあったり、赤と青の男女のマークをつけたりして、必死で、トイレの位置を示そうとしている。そうしないと入居者がトイレを見つけることができない。

しかし、文字やマークで目立たせる以前に、高齢者の体に染みついた「空間の作法」というようなものを前提に空間のしつらえを組み立てるほうが確実です。新しい環境に慣れていただくためには、それぞれの高齢者の習慣に呼応した生活の舞台づくりをしなければなりません。痴呆性の高齢者はそれに極めて正直に反応してくれます。

反対に、それまでの高齢者の暮らしと懸け離れたような舞台づくりをし

図23　舞良戸のあるトイレ

ますと、いくら立派なものでも、痴呆性の入居者は混乱するだけです。高齢者が徘徊したり、騒いだりするのを「問題行動（行動障害）」として、規制をかけたりするのを見ますが、それは高齢者が精一杯、環境に適応しようとする努力のあらわれです。

たとえば、入居者がベッドからマットレスを引きずり下ろそうとしているのを見てスタッフがたしなめたりします。しかし、それはその方が押し入れから布団を出して敷こうとしているのかもしれない。記憶がだんだん近い過去から消えていって、畳で寝ていたころの時点に戻ったのです。そこで「空間の作法」にしたがってマットレスをベッドから引きずり下ろそうとしている。そういうことをきちんと読み解いていく必要があります。そうとわかれば、たしなめるのではなく、手伝ってあげてもいい。個室なら床で寝ても何の支障もありません。叱るよりもお手伝いするほうが痴呆性の高齢者は、ずっと安定した精神で生活できます。「問

題行動」といわれるものも減るのです。

ある重度の痴呆性の女性は、居室でいつもご主人の写真を布団の中で抱いています。共用空間の囲炉裏端で、皆とお茶を飲んだりしながらも、頻繁に居室に戻って、ご主人と会話をします。これを毎日繰り返しておられる。廊下のところどころにあるベンチや、小さなコーナーに何気なくある休める場所にもよく坐って、ごく自然な形でご主人と会話をしています。施設を自宅のように感じておられる。

高齢者のそのときどきの気持ちに合った空間が豊かに用意されていると、生活に早く慣れ、日常も豊かなものになるのです。

■悪い環境は人間を悪くする

環境と人間の関係は、リシプロカル（双方向的）な関係であると冒頭で申し上げましたが、そのことを強く意識しないと、デザイナーは人間不在の環境づくりに走りがちです。

私たち建築家は、建物をつくり環境を整えていると自ら思っています。しかし、環境づくりが優先して人間を置き去りにすると、われわれのほうが環境に合わせて生活することになります。そして環境に自身をからめとられることになりはしないでしょうか。

ファッショナブルな建築を追い求めるより、何のために環境をつくるのか、哲学・心理・生理のレベルまで深く掘り下げながら、注意深く仕事をしなければいけないと思います。

私は、人間の心と体から分断され、一人歩きするデザインに対して、高齢者施設を通して警鐘を鳴らしていきたいと思っています。

参考文献

●財団法人医療経済研究・社会保険福祉協会、「介護保険施設における個室化とユニットケアに関する研究報告書」、平成一三年三月
●社会福祉法人全国社会福祉協議会、「特別養護老人ホームの個室化に関する研究報告書」、平成八年三月
●石田妙、外山義、三浦研「空間の使われ方と会話特性から見た特別養護老人ホームにおける六床室の生活実態」日本建築学会大会学術講演E-一、二〇〇一年九月、pp二五-二六
●海道真妃「特別養護老人ホームの個室化、小規模ユニット化が入居者の生活展開とケア

に与える影響に関する研究—多人数居室型から全室個室型への建て替え事例の追跡調査を通して—」、平成一三年度京都大学大学院工学研究科環境地球工学専攻修士論文

あとがき——ユニバーサルデザインは社会参加のデザイン

■誰にでも使えるものなんて幻想

本論をお読みいただくと、各氏のユニバーサルデザイン論はそれぞれアクセントの置き所がだいぶ異なっている。いや、それどころか統一性があるのか、と疑問を呈される方もいるかもしれない。

しかし、いくつかの点で、それも絶対にはずせない点で共通するものがある。

①デザインは、人を安心させ幸福にする。
②デザインは、人とモノ・環境の間に相互作用を促すものであり、決して人を受け身だけの存在にしない。
③デザインは、障害のある人や高齢者に「優しい」ものであるとともに、障害のない人にとっても魅力的なものでなければならない。
④デザインは、デザイナーの思い入れだけではなく、利用者本人を中心に、さまざまな人の協力・参加のうえで成り立つ。
⑤デザインは、なるべく多くの人が利用できるようにする。一つの製品や環境でそれが無理なら、シリーズ化して選択肢の幅を広げる。
⑥デザインは、永遠に完成品はなく常に進化し続けるプロセスである。

ユニバーサルデザインは、デザインの一分野ではなく、あるべきデザインへの回帰である。

四氏に、ユニバーサルデザインを語ってもらって溜飲を下げたのは、ユニバーサルデザインは決して「誰にでも使えるモノ・環境のデザイン」などという単純なものではないことが明らかになったことである。

そんなものは幻想に過ぎない。その代わり、最も弱い立場の人のことを考えて、モノづくりや環境づくりをしよう、という実践的なアプローチである。

■七原則を乗り越える

川崎和男氏は、自ら使う車いすをデザインするプロダクトデザイナーである。氏の車いすはその優美性、機能性ともに世界的に注目された〝名車〟だ。

川崎氏は、ユニバーサルデザインの概念の提唱者であるR・メイス氏らが打ち出した「七原則」を是としながら、それを超えたデザインのあり方を探る。「七原則では不足」といい、思い切った七原則批判から、ユニバーサルデザインを出発させようとする。

また、「ユニバーサルデザインはユニバーサル（宇宙的）なデザインなのだから、豊かな国だけが享受すればいいというものではない」と鋭く指摘する。ユニバーサルデザインは、「誰でも使えるデザイン」ではなく、豊かでない国の人々も含めて、「誰にとっても手が届くデザインでなければならない」と定義しなおす。

田中直人氏は、自ら阪神淡路大震災の被害にあい、その復興を一般市民とともに手がけた経験から、総合的なまちづくりのあり方を述べている。

都市計画を専門にする田中氏は、障害のある人が不便なく生活できることは当然として、さらに「日常」と「非常時体制」を都市の中で無理なく融合させるまちづくりを提唱する。常に、市民とワークショップを繰り返しながら、あるべき都市像をコツコツつくりあげ、実践に移している。その過程そのものがユニバーサルデザインであろう。そして、便利さと機能性を最優先しながらも、デザイン性を犠牲にしないことをユニバーサルデザインの真骨頂とする。

氏らが行った伊丹駅舎の建築計画は、ごくふつうの一般市民の参加を得て、入念な調査を行い、「ベストな方法」を積み上げながら完成させた。しかし、まだ八五点だという。氏は完成させた構造物に、さらに評価委員会をつくり改善点を絞り出そうとしている。一つの建物のプロジェクトを「起爆剤」として、〝面〟としてのユニバーサルデザイン都市への限りない挑戦をしている。

川崎氏が、ユニバーサルデザインは地球の豊かな地域だけのものではないと主張するように、田中氏はユニバーサルデザインは、地球に優しく、環境に配慮されたものでなければならないと強調する。そうでなければ、ユニバーサル（普遍的）なデザインとはいえない。

■誰にも快適な生活を送ってもらうには

建築家のスタインフェルド氏は、米国でメイス氏などと一〇年以上に及ぶユニバーサルデザインの取り組みをしてきた。

氏は、ユニバーサルデザインを、「差別をせず、障害をもつ人々や高齢者、子供など可能な限りすべての人々の社会参加を果たしてくれるデザイン」と定義する。その方法論については、「手法はさまざま、絶対的なものはない、考え方や態度の問題」という。

氏のユニバーサルデザインは、「可能な限りすべての人々の社会参加を果たす」ことを目的としている。

ふと気づくと、レストランの右隣のテーブルには、車いすの人がカツ丼を食べていて、左隣には全盲の人が盲導犬をともなってビールを飲んでいた、という社会づくりを目指せばいいのだろう。そんな社会のほうが、かえって暮らしやすいのではないだろうか。現に欧米を旅すると珍しくない光景だ。

スタインフェルド氏は、ユニバーサルデザインによる環境づくりの具体例を、一日の架空の会社員の生活をモデルにして描いている。お読みいただくとわかるが、この会社員氏は、仕事が終わったあとのアフターファイブがやたらと長いのである。何しろ、仕事が終わった後にフェリーに乗ってショッピングセンターで買い物をし、美術館で芸術を堪能したあと、老人ホームの両親を訪ねる。そして、両親と公園を散歩し、犬と戯れてから帰宅するという設定である。

面白いのはかなり遅い帰宅のはずなのに、食事は家でとるという。現実を最大限デフォルメしているにせよ、アメリカ人の生活スタイルを垣間見させるものがある。

さすがにアメリカでもこんなに勤務後に予定を盛り込めないだろう。第一、いつまでも日が落ちないのも困りものだ。しかし、仕事はもちろん余暇や家族を大切にする国の人らしいシナリオである。これも労働のユニバーサルデザインといえるかもしれない。いくら障害のある人や高齢者に優しい街づくりをしても、いっぽうで「カローシ」などという国際語を発信しているようではちっとも住みやすくならない。

外山氏は、超高齢社会に突入しつつある日本の徹底的に出遅れた高齢者対策を、身を挺して改革しようとしている。氏はスウェーデン留学時代から高齢者の心身の調査をするために、高齢者宅、老人ホームを繰り返し訪れ、親密な交流を行い、その心のヒダまで理解しようとしてきた。そのうえで高齢者の環境づくりには何が必要かを実際の建築によって提言し続けている。

これまで障害のある人たちの生活が福祉の影でひっそりフタをされていたように、障害をもった高齢者、痴呆性高齢者にも光があたらなかった。ようやく介護保険が登場し、これらの高齢者がサービスの消費者として注目を集めるようになった。しかし、まだまだサービスのかたちは十分ではない。サービスという名の下に、高齢者の〝元気〟を奪っている現状もある。たとえ痴呆になっても、どうしたらもっと生命力を輝かせることができるのか、外山氏はそれがユニバーサルデザインのテーマであるという。

■ユニバーサルデザインは心を伝える行為

田中氏は、ユニバーサルデザインというのは何気ないものだという。外山氏も何気なく置かれたベンチの重要性を熱く語る。

実は、私の義兄夫婦は全盲である。

「実は」とことあらためていうほど私は彼らの障害について深刻に考えたことがない。東北の雪深い街で、盲学校の校長を退官し、青森県視覚障害者情報センター所長を引き受け、子どもや孫と一緒に暮らしている。どう考えても、不自由を感じているのは東京に住む私のほうで、彼らはいたって平和なのだ。

先日も久しぶりに遊びに行ったら、朝早く、小学校に通っている孫が二階から響きわたる声で、「ばあちゃん、靴下どこだ」と大声で階下にわめいている。「ばあちゃん」と呼ばれた全盲の義姉は、私が寝ている隣の部屋から、「ほれ、いちばん下の右から二番目の引き出しに入っているだろうが」と、これもなまりの強い言葉で怒鳴り返している。

「じいちゃん」が、講演用のテープを吹き込んでいると、テレビを見ている孫に、うるさいなあ、といわれる。「そうか、うるさいか」などといいながら、「じいちゃん」は早々に別の部屋に退散する。そのあまりの自然さに、うっかりすると彼らが全盲であることを忘れてしまう。

その義兄のオハコのネタは…

「私が雪の降る中を妊婦さんの荷物をもってあげるでしょう。妊婦さんは私の手を引いて誘導してくれる。そうすると関係は五分五分ですね。これが大事なんです」

互いに支え合いながら生活する社会に、役割をもって参加することがいのちを輝かせることなのである。その仕掛けづくりがユニバーサルデザインであろう。それもおどろおどろしく目立つものなどではなく、使う人しか気づかないもの。

ユニバーサルデザインの領域は、デザイナーだけのものではない。一般市民が、誰にとっても暮らしやすいまちづくり、社会づくりをしよう、という意識を高めることもユニバーサルデザインの領域である。ユニバーサルデザインは、その仕掛け人が、デザインの全プロセスを通して、人の心にうったえる行為をいうのかもしれない。

センサーやリモコンやロボットを縦横無尽に使うのも方法だが、「よかったらお荷物を持ちましょうか」と手を貸すのもユニバーサルデザインのうち、ではないだろうか。

この本は、桑沢デザイン塾で行った特別セミナー「ユニバーサルデザイン」を改題したものである。諸講師の方々には、本にするに当たってもう一度見直していただき、ほとんど全面的に書き換えている。諸講師の労に感謝するとともに、場と機会をたまわった桑沢デザイン塾にもこの場を借りて感謝する。最後に、講演を聞いた丸善の千葉徹氏が、「ぜひこの内容を本にしましょう」と強力に背中を押してくれなければ一夕の勉強会で終わってしまったはずだ。氏にも厚く礼をのべたい。

梶本久夫

平成一四年四月

謹告

本書が発行されて数ヶ月後に、本書に執筆された外山義氏が五二歳の若さで逝去されました。本書で示された考え方を強力に実践し、数々のすばらしい仕事を完成させ、これからさらなる期待がかけられていた逸材でした。お忙しい中、原稿執筆を快くお引き受けくださった外山氏の胸中は、自分の思いを一人でも多く人に伝えたいというものだったと思います。後に残ったわれわれは、微力ながら、外山氏のご遺志をついでいかなければならないと、襟をたださざるを得ません。外山氏の死を深く悼み、ご冥福を心からお祈り申し上げます。

[監修者略歴]

梶本久夫（かじもと・ひさお）
ユニバーサルデザイン・コンソーシアム代表理事。
1942年生まれ。武蔵野美術大学卒業。コーポレイトデザインの視点に立ったコミュニケーションデザインからファシリティマネジメントまで、幅広い領域を手掛ける。1995年からユニバーサルデザインの研究や実践をめざし、情報誌の発行や研究会講演活動およびコンソーシアムの設立をおこなう。
株式会社ジィー・バイ・ケイ／株式会社コーポレイトデザイン研究所代表取締役社長、有限会社プロコード取締役会長。季刊ユニバーサルデザインおよびUd&Eco Style編集長。桑沢デザイン研究所非常勤講師。第2回ユニバーサルデザイン国際会議（2000年6月米国ロードアイランド州プロビデンスで開催）では、コラボレーターとして日本におけるプロモーションを担当する。

［著者略歴］

田中直人（たなか・なおと）
摂南大学工学部建築学科教授。
1948年神戸市生まれ。大阪大学工学部建築学科卒業。東京大学大学院工学系研究科建築学科建築学専門課程修了。神戸市にて建築・都市地域の計画やデザインを担当後、神戸芸術工科大学環境デザイン学科教授を経て、1997年より現職。この間、兵庫県立福祉のまちづくり工学研究所主任研究員を兼任。都市環境デザインネットワークを主宰。工学博士。一級建築士。『福祉のまちづくりデザイン　阪神大震災からの検証』、『サイン環境のユニバーサルデザイン』（共著）など著書多数。奄美海洋展示館、国際障害者交流センター「ビッグアイ」などの作品がある。

川崎和男（かわさき・かずお）
名古屋市立大学大学院芸術工学研究科教授。
デザインディレクター。
1949年福井県生まれ。魚座・B型・左右利き。金沢美術工芸大学卒業。医学博士。専門は3D-CAD/CAMとメディアインテグレーション、メディカルサイエンスや位相空間を背景としたプロダクトデザイン、デザイン手法の開発とその導入実践をめざす。グッドデザイン賞総合審査委員長・毎日デザイン賞審査員・省庁シンクタンクの委員歴任。毎日デザイン賞ほか国内外の主要なデザイン賞は最多受賞。海外美術館に永久収蔵展示多数。

エドワード・スタインフェルド（Edward Steinfeld）
1945年生まれ。ニューヨーク州立大学バッファロー校建築学教授・作業療法学准教授。同校に併設するリハビリテーション工学研究所（RERC）およびインクルーシブデザイン&環境アクセスセンター（IDEA）所長を兼任。
ミシガン大学で建築学の博士号および老人学の学位を取得。
リハビリテーション工学やユニバーサルデザインの調査研究で世界的な権威として知られ、政府のアクセス建築基準委員会を歴任。最近では、車椅子利用者の人体測定データベース、ビジタビリティ（訪問可能な住宅）、自動車のユーザビリティ、コミュニティにおけるユニバーサルデザインの調査研究をおこなう。米国芸術基金（NEA）より、調査研究部門で建築賞を受賞。

外山義（とやま・ただし）
京都大学大学院教授（工学研究科居住空間工学講座）。
1950年、岡山生まれ。2002年逝去。74年 東北大学建築学科卒業後、医療施設設計に携わる。82年、スウェーデン王立工科大学にて高齢者住環境研究を開始。工学博士取得。89年に帰国後、国立医療・病院管理研究所室長、96年、東北大学大学院工学研究科助教授を経て、1998年から現職。特養「おらはうす宇奈月」、老健「ケアタウンたかのす」、グループホーム「ならのは」で医療福祉建築賞受賞。著書、『クリッパンの老人たち』、『スウェーデンの住環境計画』（訳）、『グループホーム読本』（編著）

ユニバーサルデザインの考え方
建築・都市・プロダクトデザイン

平成14年5月30日　発　　行
平成21年12月30日　第7刷発行

監修者　梶　本　久　夫
発行者　小　城　武　彦
発行所　丸善株式会社

出版事業部
〒103-8244　東京都中央区日本橋三丁目9番2号
編集：電話(03)3272-0661／FAX(03)3272-0257
営業：電話(03)3272-0521／FAX(03)3272-0693
http://pub.maruzen.co.jp/

本文デザイン・薬師神デザイン研究所
印刷・暁印刷株式会社/製本・株式会社星共社

ISBN 978-4-621-04970-9 C0050　Printed in Japan